KB272925

목포 목포 목포

목포 목포 목포

2026년 2월 16일 초판 1쇄 발행

지은이 | 손영득
편집　 | 이만옥
디자인 | 강승희
표지　 | 장현숙
펴낸이 | 이문수
펴낸곳 | 바오출판사

등록 | 2004년 1월 9일 제313-2004-000004호
전화 | 031)819-3283 / 문서전송 02)6455-3283
전자우편 | baobooks@naver.com

ISBN 979-11-94735-26-7 03980

토박이가
새로 쓴
목포 이야기

손영득 지음

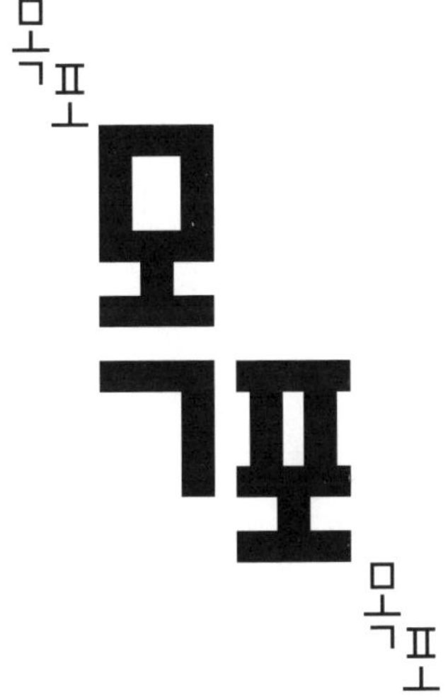

시방 미리 말해 둔당게

이 책에는 맞춤법에 안 맞는 투박한 사투리가 허벌나게 나와부요.
근디 글자로 딱딱허게 쓰는 것보다 입에서 나오는 대로 그대로 써야
저자 양반 속마음이 지대로 전달되겄다 싶어서 고대로 놔둬부렀응게,
너른 마음으로다가 쪼까 이해해주쇼잉.

시간을 걷는 도시

목포 구도심 근현대사거리 입구에서 있는 간판에 이렇게 써 있다. "시간을 걷는 도시" 그렇다. 목포는 시간을 걷는 도시다. 그 아래 2백 미터쯤 가면 국도 1호선 기점 기념비가 서 있다. 목포는 부산 인천 원산에 이어 네 번째로 개항된 도시다. 1897년 근대와 함께 태어났고 성장했다가 조락했다. 그런 만큼 사연과 곡절의 시간을 걸어왔다. 여기서 태어난 나 또한 그 시간 속에 자라서 살고 있다. 익숙한 이 땅에서 날마다 거리와 골목들을 수없이 오가면서 얼굴과 표징들과 부대끼며 살고 있다.

나는 토박이지만 이방인이기도 하다. 표면보다 이면에 끌리는 오기가 창창한 성정 때문이기도 하고 주류나 다수파에 속한 적이 거의 없는 변두리 기질인 탓이다. 젊었을 때는 좀 멋있다고 생각했지만 나이가 들수록 불편하고 벅차다. 토박이의 익숙함과 이방인의 낯설고 의심스런 눈으로 목포가 걸어온 지난날들과 오늘을 재해석하려고 나름 용을 쓰고 있다. 지렁이도 갑자(甲子)가 다가오면 풍월을 읊어서 황룡은 몰라도 토룡으로 승급이 되는 '모냥'이다. 그래서 이렇게 내 이름으로 책을 쓰게 된 호사를 누리게 됐다.

인천은 코리아로 들어오는 상륙의 도시(랜더스), 부산은 친구와 행님의 도시, 울산은 한국의 인더스트리아, 여수는 낭만의 밤바다 한려수도로 각인된다. 같은 항구도시인 목포의 이미지는 무엇으로 기억될까?

눈물의 도시, 김대중, 호남정치 1번지, 소외와 쇠퇴…. 모두 맞는 표현이지만 그 이면을 관통하는 키워드는 아닌 것 같다. 지금까지도 목포는 일제강점기의 번창과 고도성장시기에서 배제되었던 서사에 따라서 규정되고 있다. 개발에서 소외된 '레트로 시티'가 되는 바람에 고스란히 남아 있는 과거 흔적을 밑천 삼아 역사관광지로 각광받게 되었다. 그런 구도심을 보면서 미국에 살다가 30년 만에 고향을 찾은 동무가 목포는 옛날 드라마 세트장 같다고 한탄했다. 진실은 그 사이 어딘가에 있을 것이다.

잠시 떠났다가 모색과 열정이 넘치던 20대 초반에 이상한 열정에 휩싸여서 리턴했다. 나름 간난신고가 있었지만 본전도 못 건지고 세상에 아쉬움만 늘었지만 출향하지 않고 향토인으로 눌러앉았다. 천둥벌거숭이 촌놈에서 목포 꼰대로 늙어간다.

애향인도 애국자도 아니라서 이념의 삶에 관심은 없지만, 목포 청년들을 보면 처지가 참으로 짠압다. 우리 세대처럼 상경해서 정착하기도 어렵고, 민주화운동이나 노동운동에 희망을 걸고 돌진할 수도 없는 시대가 아닌가. 형편없는 박봉이었지만 숟가락과 밥그릇, '석유곤로'만 들고 달동네 20만 원짜리 사글세방에서 살림을 차리고 가정을 건사했던 가난한 시절보다 더 우울한 것 같다. 뉴스에서 터지는 캄보디아 청년 집단 납치사건을 보면서 '인서울' 하지 못하고 정규직이 되지 못한 지방 청년들의 욕망과 좌절감이 범죄의 유혹에 빠진 비극적 현실에 마음이 좋지 않다.

마치 식민지 시대 청년들이 배고프고 비전 없는 조선 땅을 떠나서 일본 오사카나 만주 봉천과 길림으로 떠났듯이, 호남의 동네 건달들이 사시미 칼을 품고 명동 사보이호텔과 서진룸살롱에 난입했듯이….

혼종과 퓨전의 허브 도시

제국주의 시대의 약한 고리는 식민지였고, 산업자본주의시대의 약한 고리는 노동자였으며, 한탕과 과잉소비로 점철된 금융자본주의 시대의 약한 고리는 지방 청년들이다. 누군가는 금융자본주의와 지방 청년을 엮는 걸 코웃음 칠지도 모르겠다. 그건 당신이 지방 청년이 아니어서 그렇다고 단언할 수 있다. 특히 경제적으로 낙후되고 상속받을 자본이 빈약한 호남 지역의 2030들.

그 해법은 무엇일까? 나는 당연히 모른다. 다만 언젠가 읽었던 니체의 말이 기억난다.

"남들이 기를 써서 높아지려고 할 때 너희는 한없이 깊어져라."

수직적 상승에만 목을 매지 말고, 수평적 확대나 저공비행을 시도하면 어떨까. 성장과 발전의 그늘에서 양지로 나아가려고만 할 것이 아니라 이 그늘을 음습한 골짜기가 아닌 시원하고 청량한 바람이 드는 명당으로 만들면 어떨까.

본래 목포는 소비도시이고, 섬과 육지가 소통하는 항만과 철도의 플랫폼이다. 그래서 멋과 맛이 있고, 약간은 데카당스한 문화가 꽃핀 지역이었다. 소리, 글씨, 한국화, 문학, 전통무용 …. 그 문화와 부의 원천은 신안, 진도, 완도, 해남, 영암, 무안, 강진이었다. 자체 생산으로 번창한 도시가 아니었다. 다시 거기서 시작하는 게 옳을 것이다. 목포는 온갖 잡놈이 모여들어 난장이 서는 혼종과 퓨전의 허브 도시가 알맞다.

목포는 이주자들이 만든 도시다. 내 외조부는 황해도 출신이고, 외조모는 이리(익산)에서 목포로 왔다. 선친은 나주에서 초등학교만 나와서 지게 지고 다니다가 도망치듯 육군에 자원입대해서 5·16 직후 군사정권의 미필자 추방 덕택에 오로지 한자 실력과 필체 하나로 시청 공무원이 돼 목포에 정착했다. 목포는 이렇게 타향과 타인이 모여서 만들어진 도시였다. 이주자를 환대하는 개방된 도시가 갈 길이다.

목포는 다도해와 육지, 점점이 뿌려진 섬과 영산강이 동거하는 곳이다. 앞바다 물빛은 뻘물이 섞인 옥색에 가깝다. 맑고 푸른 바다는 아니지만 옥색은 귀하고 품위가 있다. 짠물과 민물, 바다에

떠 있는 수많은 섬을 오가는 목포 사람은 그만큼 트인 안목으로
나눌 줄 아는 품격 있는 남도인이 됐으면 한다. 특히 젊은이들이.

목포 토박이의 목포 이야기

이 책은 순전히 나의 주관적인 관찰과 기록이다. 쓰기 전에 목포
의 역사, 인물, 문화에 대한 책을 찾아 읽었다. 역사학 전공자가
쓴 논문도 봤다. 교수와 학자들은 대부분 개항 이후 일제강점기를
중심으로 근현대사를 다룬다. 시민운동가나 정치인들은 정책적
인 문제와 자기 대안 제시에 주력하는 경우가 많았지만, 나는 기
득권이나 제도권 밖에서 보고 겪은 일상들을 활자화하고 싶었다.

원래는 일기처럼 신변잡기를 쓴 페이스북 포스팅을 마치 산문
집처럼 출판할 작정이었지만, 회고록처럼 보이게 될까봐 고향 목
포와 사람들에 대해서 듣고 겪었던 이런저런 사건과 이야기들을
주워 담게 되었다. 그 바람에 일이 커져부럿다.

어릴 때는 그리도 커 보이던 동네는 머리가 굵어질수록 좁아 보
이는 법이지만, 원고를 써갈수록 목포 바닥이 새삼 넓어진 것 같
았다. 토박이로 살면서 겪은 이야기이다 보니 묻혔던 기억들이 새
록새록 솟아났다. 고향은 그런 점에서 관대하고 친절하나.

이 책에서 다룬 목포 역사는 공식적인 정사(正史)가 아닌 야사
에, 도시전설 또는 동네 소문에 가깝다. 그래서 목포에 대한 사기
(史記)가 아니라 유사(遺事)를 추구한다. 거칠고 투박할 수는 있지

만 거짓은 없다. 골목과 광장의 한 귀퉁이에서 보고 들은 사람들 이야기로 목포를 재해석하고 싶었다. 토박이지만 변두리와 낮은 곳에서 바라본 도심과 사람들의 이야기라는 점에서 기존 주류적인 시각과는 다소 거리가 있을 수도 있을 것이다. 향토 개봉가의 문제제기라고 보면 될 것이다.

2025년은 고등학교를 졸업하고 세상으로 나온 지 만 40년이 되는 해다. 그 세월 동안 이 한 권이 인생 최초의 결과물이다. 지금까지 자식으로만 살았는데 처음으로 부모의 입장이 된 것 같다. 못난 자식은 오로지 못난 아비 책임이다.

책을 써갈수록 내가 얼마나 문재(文才)가 없고 생각이 얕은지 깨달았다. 겸손이 아니라 고백이다. 그럼에도 이 졸저를 청소년들이 읽어준다면 실패한 선배 청년의 기록으로서, 40대 이상들은 잊었던 향수를 떠나서 기성세대로써 함께 고민해야 할 문제제기로 읽었으면 감사하겠다. 무엇보다 목포와 별 연고가 없는 분들이 많이 읽어주시기를 바라는 욕심을 내본다. 목포가 '눈물의 항구'에서 벗어나려면 더 다양한 외부자의 시각이 필요하기 때문이다.

이 책에는 목포 출신 법정 스님의 말처럼 유달산에서 바라보면 골목마다 둥둥 떠다니는 기억들을 담았다. 그 인연들이 여기에 담겨 있다. 책을 내게 된 것은 순전히 바오출판사 이문수 대표 덕택이다. 맹세코 내가 책을 쓸 것이라고는 상상하지도 못했다.

삼득회, 김문옥 회장, 오재덕 건축사, Paul K. 박, 김성준 대표, 최용선, 갓바위 모임,이종선, 이기형, 유상훈 대장, 윤현수 대표, 세상을 함께 꿈꿨던 주종섭 도의원(여수) 등 친구와 선후배들이 밥 사주고 커피 사주고 등을 두드려주지 않았다면 진작에 덮어부럿을 것이다.

자료를 소개해줬을 뿐만 아니라 온갖 지원을 아끼지 않은 조상현 목포문화원 사무국장과 이방수 (전)도시문화센터장, 이형완 시의원, 박종섭 선생 등 선후배들께도 감사드린다. 공들여 만든 목포여행지도의 사용을 허락해주신 '괜찮아마을' 홍동우 대표께도 특별한 인사를 드린다.

일제 강점기 목포 지역 독립운동에 대해서는 권도균 박사를 통해서 눈을 뜨게 됐다. 페이스북에서 만난 페친들이 없었다면 이 책은 아예 없었을 것이다. 공단과 뒷개, 오거리, 유달산, 하당, 용해동에서 더불어 울고 웃었던 수많은 얼굴들께 감사드린다. 아버지의 납골함에 이 책을 넣어드릴 생각이다.

2026년 새봄을 기다리며
목포 토박이 손영득

차례

들어가는 말 • 05

시간을 걷는 도시/혼종과 퓨전의 허브 도시/목포 토박이의 목포 이야기

I

1. 목포의 얼굴 • 20

　목포를 상징하는 조형물/목포의 맨얼굴

2. 목포의 탄생-모순과 역설의 공간 • 23

　1) 식민과 저항의 도시-신흥도시와 올드시티 • 23

　　만들어진 식민도시/수탈과 저항/짧은 전성기와 급격한 쇠락

　2) 갈수와 침수의 도시 • 28

　　물을 막는 사람들/물을 찾는 사람들

3. 호남정치 1번지-정치의 과잉과 결핍 • 33

　목포전쟁/민주화의 역설-당사자성과 숙의 민주주의의 상실

4. 목포라는 도시전설 • 37

　1) 도시전설1-오거리 이야기 • 37

　　전남 제1번지/중앙교회와 YMCA/건달들/다시 오거리 시대

　2) 도시전설2-북교동 이야기 • 42

　　깨동특공대/서편제/옥단이 단쓰 개딴쓰/'삥꼬' 영화/게스트하우스

　3) 도시전설3-서산동과 온금동 • 46

　　째보선창, 다순구미, 생존의 터전/노동자 시인 정명자의 시를 찾습니다/조선내화

　4) 도시전설4-뒷개 • 52

　　낮고 짜고 가난한, 그러나 희망이 영근 곳/미로/까치집/자취방 풍경/상전벽해/
　　학생들이 숨 쉴 수 있게/먹을거리 볼거리 놀거리

5) 도시전설5-공단 이야기 • 59

공단식당/꼬방동네/목포 3대 공장/기업주와 노동조합/파업전후-약자들의
시대/지역 기업의 실종

5. 광장 이야기-광장에 영혼을 • 67

1) 최인훈과 목포 • 68

광장/평화광장을 최인훈광장으로

2) 역전 광장 • 70

지역차별의 상징, 호남선/멜라콩 박길수의 선행/민주화를 위한 헌신한 안철/
강골불새 강상철

윤판수-공무원노조의 신화 _ 76

3) 소주 전쟁 전설-목양광장 이야기 • 78

삼학소주는 왜 몰락했는가/보해소주의 성공과 쇠락/민정당사 습격 전말

4) 2호 · 3호 광장 이야기 • 82

2호 광장의 파란만장한 역사/목포 5 · 18의 성지/외국인 노동자의 터전 3호
광장/서민형 다문화 국제학교가 필요하다

6. 근현대사 거리-만호동·유달동·앞선창 • 89

1) 만호동 · 유달동 • 89

물방위/목포 최고의 부자 동네

2) 앞선창 • 93

제유노조 파업/건맥축제에 초대합니다

목포 야행축제 답사기 _ 97

II

7. 목포 9味-이거 한번 먹어보쇼잉 • 102

맛의 도시 목포/고유한 다양성을 찾아야

13

    1) 회판(회무침) • 104

    너희가 회판을 아느냐!/목포에서만 맛볼 수 있당께

    2) 갈치 • 109

    3) 민어 • 110

    4) 낙지 • 111

    접대 인심/갯벌에서 나는 인삼

    5) 소낙탕탕이 • 115

    6) 남도식 백반 • 116

    7) 병어 • 118

    8) 무화과 • 119

    9) 홍어 • 121

    전라도 소울 푸드/홍어가 상징하는 것

8. 목포 사투리 • 126

    뒤섞인 언어/남진이 멋진 이유/사라지는 사투리

9. 목포에서 꼭 가봐야 할 곳 • 130

    1) 유달산 • 130

    목포의 상징/모든 곳과 통하는 플랫폼/유달산 케이블카

    올빼미 운동장 _ 136

    2) 삼학도 크루즈 • 140

    낭만적인 크루즈 여행/인생 항해에서 주인공이 되고 싶다면

    3) 갓바위 – 문화예술타운 • 143

    남농기념관/K–한국화의 거점으로/문화산책의 거리로/요절한 천재화가 허림

    백기완 · 서한태 · 남농 _ 150

10. 예향 목포 • 152

    1) 예술혼이 숨 쉬는 땅 • 152

    예향/아트센터 신선/갤러리 나무/성옥기념관 별관 전시실

2) 책이 있는 풍경 • 157

오거리문화센터와 고호의책방/포도책방/남도책방과 돌담갤러리

11. 깊고 푸른 목포의 밤 • 161

1) 뒷개와 평화광장 • 161

건전해진 유흥문화/북항과 연산동/평화광장길/젊음을 느낄 수 있는 거리

2) 대반동 • 167

해변공원/섬과 바다와 산이 있는 풍경

12. 목포의 섬들 • 171

1) 고하도(高下島)-조선의 코튼필드 • 171

육지가 된 세발낙지의 본고장/좋은 휴양지가 되려면/남면북양(南綿北羊)

세월호와 고하도 _ 176

2) 달리도 • 180

개발이 필요한 섬/정책에는 철학이 있어야

3) 율도 • 183

탐방체험 하기 좋은 섬/지극히 낭만적인 섬

4) 외달도 • 188

외로운 섬, 그러나 아름답당께/가족 여행에 적당한 섬

13. 영산강 •193

반란의 꿈을 머금은 물결/강변 따라 굽이치는 사연들

14. 시네마 목포 • 198

1) 하이틴 영화의 추억 • 198

진짜진짜 잊지마/영화 속 목포 풍경/불편한 진실

2) 코믹한 조폭들 • 202

목포는 정말 조폭의 도시인가?/조작된 이미지는 이제 그만/드라마 〈파인〉과
신안 해저 유물

15. 갱스 오브 목포 • 207

　1) 느와르시티 목포 • 207
　　서울로 간 건달들/깡패는 사회악일 뿐

　2) 서진룸살롱 사건 • 210
　　목포에 조폭 이미지를 덧씌운 사건/사건 이후/성장의 뒤안길에서 핀 독버섯

　3) 신안비치 나이트클럽 린치사건 • 213
　　한 시민의 탄원서/다시 조폭 이미지를 뒤집어쓴 목포/이젠 조폭도 사양산업

III

16. 식민지 청년의 삶과 꿈 • 220
　1) 김성규와 세 아들–우진, 철진, 익진 • 220
　　김우진/김익진/김철진/삼형제의 빛과 그늘

　2) 고파 배치문 • 225
　　잊혀진 독립투사/역사를 잃어버린 목포

　3) 제국의 군인이 된 식민지 청년들 • 229
　　분노의 강 살르윈/전장에 끌려간 청년들/모멸의 시대
　　목포 구 청년회관–전남 사회운동의 총본산 _ 234

17. 1949 대탈옥 사건–전쟁과 목포 • 237
　　엄마의 6 · 25–목포에서의 전쟁과 학살/점령과 피난/교차 학살

18. 목포 사람 I • 242
　1) 휴먼 사진가 박종길 • 242
　　사진으로 목포를 기록하다/박종길의 사진을 보존하라!

　2) 유달산에 정착한 노마드 부부–알랜과 이한숙 • 245
　　뉴욕 출신, 목포 거주, 50년 직업 가수/길 위의 삶

3) 신안군 사또 박수영–신재생 에너지의 파수꾼 • 248

신재생 에너지는 청정에너지가 아니다!/옳지 않으면 맞서 싸워야 한다!/애향 사또가 필요한 이유

4) 김대중! • 253

차마 부를 수 없었던 이름/DJ를 둘러싼 갈등과 대립/책임과 역할을 방기한 정치인들/김대중을 죽여야 김대중이 살아난다

5) 김지하 • 258

저항자와 변절자 사이/문학의 뿌리는 목포/고향이 품어주어야

6) 손혜원 현상 혹은 소동 • 262

메시아인가 투기꾼인가/열풍의 이면/욕망과 공포

목포의 눈물과 교훈 _ 265

19. 목포 사람 II • 269

1) 서산동의 레전드 정명자 • 269

서산동 토박이 정명자/노동자 시인 정명자

2) 맞짱계 대부, 시골관장 김대영 • 275

수컷의 본능/시골관장, 멸치관장

3) 세발낙지 장기철 • 279

슈퍼개미의 아부지/성공신화의 몰락

4) 필드를 거침없이 내달리는 여전사들–목포시청 필드하키부 • 283

우리는 최고의 팀이다! 춥고 배고플지라도/달리고 구르고 치고, 그러나 불안한 미래/길은 있다!

5) '괜찮아마을'의 청년 촌장 홍동우 • 288

서울 출신 "목포 사위"/관광사업을 주력산업으로/사업은 사업가에게 맡기자/선순환의 구조를 만들자

6) 그림책 아저씨의 좋은 책방 • 296

상상과 가능성의 문을 열어주자/책읽기는 재미있는 놀이

7) 수학 일타 까치 설박사 • 299

전설의 레전드 "수학 8박사"/목포의 일타강사/사교육과 공교육 붕괴한 제도
교육/수포자의 희망이 되기를

20. 가객 • 304

1) 목포의 소리꾼 Ⅰ • 304

이난영/남진/장욱조 · 조미미 · 최유나

2) 목포의 소리꾼 Ⅱ • 308

최준영/박지현/반하나(임수정)

21. 공장으로 간 청년들-그 후 40년 • 311

1) 광주에서 온 운동권 청년 • 311

문현/장두석/이미숙/1980년대 목포 노동운동의 풍경/역사의 누락/노동야학
운동의 그늘

2) HD삼호조선소 30년-비정규 하청 노동조합 • 319

외국인 노동자가 주력이 된 조선소/한국인과 외국인, 하청과 원청, 동일노동
동일임금/내국인의 일자리를 대체하는 외국인 노동자/새로운 시대의 노동운동
을 위하여/기대와 현실의 괴리/실패한 운동, 과연 대안은 있는가?

속에 꾹꾹 담아두었던 말 • 328

목포는 한국의 리버풀이 될 수 있을까/역발상이 필요하다 – 개방과 환대의 도시로
In 목포–Nothing and Everything

책을 쓰면서 참고한 문헌들 • 340

I

1
목포의 얼굴

목포를 상징하는 조형물

지금은 그냥 밋밋한 사거리 로터리에 불과하지만 오래전 3호 광장 가운데에는 원형분수대가 있었고, 차량들이 회전을 하며 저마다 제 갈 길을 갔다. 사람들이 모이는 광장이 아니라 차량이 교차하는 로터리였다. 그리고 그 분수대 가운데에 제법 큰 동상을 세웠다. 1989~90년 무렵 일이다.

즉각 논란이 벌어졌다. 동상의 인물들이 죄다 정리해고 당한 중년 실업자처럼 후줄근하고 우거지 상판을 하고 있으니 시민들 사이에서 아우성이 났다. 그렇잖아도 목포는 눈물의 항구요, 소외와 몰락의 도시로서 자격지심이 쌓여 있는 판에 도심 한복판에 이런 흉물이나 다름없는 상징 조형물을 세우다니…. 대번에 난리가 나 부럿다. 범시민적인 비난 여론이 쏟아졌다.

더구나 당시는 5·18 책임자 중 하나인 노태우 정권 때였고,

정치적 한과 응어리가 호남인들 가슴에 무겁게 깔려 있을 시기였다. 여론의 몰매를 맞은 시 당국은 몇 달 후에 서둘러 동상을 철거해버렸다. 그 동상은 목포의 대표 사업가인 이훈동 씨가 큰맘 먹고 목포대 미대 홍순모 교수에게 의뢰해서 제작한 예술품이었다. 그렇지만 이씨의 선의는 목포 시민들의 질책과 맞닥뜨려야 했다.

당시 나는 주변에서 쏟아내는 비난이나 불만과는 다른 생각이었다. 그 인물들의 어둡고 우울한 표정이야말로 목포의 현실을 제대로 표현한다고 봤기 때문이다. 오히려 왜 양복만 입혀 놨는지 불만이었다. 작업복, 교복, 잠바 등을 고루 입혀 놨어야지. 여성도 없었고. 나는 역시 리얼리즘 신봉자였다. 지금 같으면 일대 논쟁이 벌어졌겠지만, 당시 시민여론의 절대다수는 도심의 상징조형물은 뭔가 진취적인 기상과 미래에 대한 희망과 환희 또는 도전정신을 표현해야 한다고 생각했다. 그래서 내 의견은 입 밖에도 내지 못했다.

목포상징 예술 조형물(홍순모, 1989)
현재는 목포 향토전시관 정원에 있는데
관리가 부실하다.

목포의 맨얼굴

당시만 해도 '잘살아보세~' 스타일의 새마을운동 정신이 지배적
이었다. 문제의 동상은 철거해서 지금 갓바위 향토박물관 정원으
로 옮겨놓았는데, 그 내력이나 관심을 갖는 사람은 없는 것 같다.
예술은 시대적 한계가 있을 뿐 아니라 당대인들의 집단적 인식에
서 자유로울 수 없다. 하지만 예술과 문화야말로 다양성이 생명
아닌가. 일반인들이 미처 보지 못하는 관점으로 사회와 인간을 보
고 표현하는 게 예술가의 남다른 능력인 것이고.

가장 당황스런 팩트는 35년이 지나서도 동상이 보여주는 우울
하고 근심 어린 이미지가 목포가 처한 현실이나 목포인들의 고민
을 적나라하게 표현하고 있다는 것이다. 목포권은 달라지지 않았
을 뿐 아니라 퇴보했으며 길을 잃었다. 비전, 전략, 희망 미래설계
등은 보이지 않는다. 물론 비수도권 지방이 직면한 공통된 현실이
기도 하다. 아이들과 청년들을 데리고 갓바위에 가서 동상을 보면
서 목포의 오늘과 과거를 대면하자.

목포의 맨얼굴은 무엇일까? 지치고 푸석한 무표정한 얼굴일까,
아니면 격정과 환희에 차서 창공으로 도약하는 몸짓일까. 아마도
여러 표정과 얼굴이 있을 것이다. 지정되고 한결같은 얼굴은 허수
아비 박제에 불과할 수도 있다. 저 오래된 동상 또한 먼지를 털고
다시 시민들에게 돌아갔으면 좋겠다.

2
목포의 탄생
-모순과 역설의 공간

사람의 삶이든 도시의 역사든 두 얼굴이 있다. 모순과 역설, 패러독스와 뒤끝이 묻어난다. 서울 사람들의 머릿속에서 목포는 아주 멀리 떨어진 곳에 있는 오래되고 낡은 포구로 떠오를 수 있다. 그러나 목포는 600년이 넘는 역사를 자랑하는 서울과는 비교할 수 없을 만큼 그 역사가 128년밖에 안 된 젊은 도시이며 인공적으로 조성된 계획도시다.

1) 식민과 저항의 도시-신흥도시와 올드시티

만들어진 식민도시

목포를 설계하고 건설한 세력은 일본인들이었다. 정확하게 말하면 일본제국주의가 식민수탈의 창구 및 물류센터로 만든 허브도시였다. 1897년 개항 이전 목포는 수군이 주둔하던 만호진(萬戶鎭)이었고, 바닷가와 유달산, 대박산 자락에 40호 정도가 흩어져 살아가던 빈촌이었다. 개항장이 되면서 한때 서구 열강에 국제 분할되었다가 결국 일본이 독차지하게 되었다.

일제는 한적한 갯가에 유달산 기슭을 중심으로 관공서와 주거 지역, 학교와 도로를 건설했다. 대대적인 간척사업으로 바다와 갯벌을 메우고 도시를 조성했다. 근대 토목기술로 방파제를 쌓고 매립해서 해안선을 정비했고, 해관(세관)을 열어서 국제무역항을 만들었다.

가장 중요한 시설은 역시 항만과 철도였다. 법원, 경찰서, 우체국, 은행 등이 따라 들어왔고 일본인들이 밀려왔다. 부산 등지에서 개항장의 돈맛을 본 경상도 사람들도 집단적으로 이주했다. 그것이 목포의 탄생이었다. 일제강점기 내내 철도로 집산된 쌀과 면화가 목포항에서 일본으로, 일본에서 생산된 공산품이 조선으로 들어왔다. 불공정한 식민무역이 벌어지는 수출입항이었다.

1913년경 갑자옥 모자점 쪽에서 복만동 방향으로 본 목포 시가지 모습

목포의 전성기는 1930~40년대였다. 유달산 앞쪽은 바둑판처럼 정비된 일본인 거주지역이 있었고, 그 뒤쪽 골목과 산동네로 연결된 곳이 조선인 거주지역이었다. 계획적으로 건설한 식민도시였던 목포는 호남 제1의 경제도시여서 전국에서 몰려온 상인과 노동자가 넘쳐났다. 목포는 토박이가 거의 없는 이주자의 도시였고, 처음부터 자본주의 질서가 지배하는 개척도시였다.

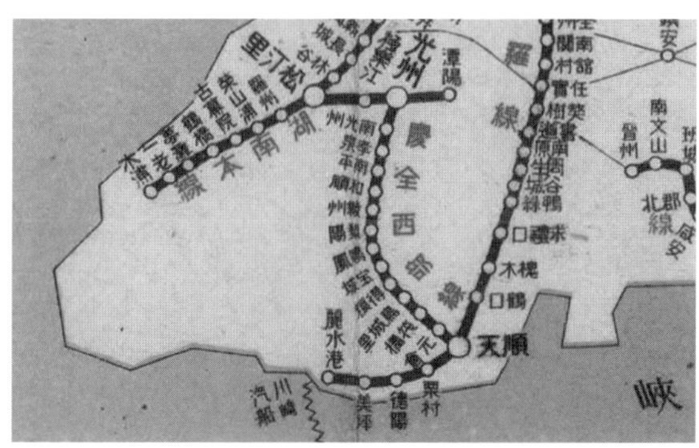

일제가 만든 철도망
호남선 기점인 목포는 식민의 입구이자 출구였다.

수탈과 저항

차별과 수탈은 민족의식을 각성시키고, 산업 발달과 집단적 노동은 계급의식을 고양시키는 법이다. 구한말 호남의병 항쟁의 여진이 남아 있는 가운데 3·1운동이 발발했고(목포에서는 4·8만세운동) 그 직후 노동조합들이 결성되었다. 축적된 노동운동 역량은 일제강점기 전라도 지역에서 일어난 가장 대규모 파업인 1926년의 '제유공 파업'으로 정점에 달했다. 이러한 노동운동 세력은 민족의식과 근대문명의 세례를 받은 청년학생운동과 결합해서 신간회 같은 조직을 결성하는 등 목포는 민족운동의 중심지로 부상했다.

1924년 전 조선을 뒤흔든 '암태도 소작쟁의' 때에는 농민 수백 명은 목포로 나와서 천막을 치고 아사(餓死)동맹투쟁으로 버텼다. 이런 폭발적인 항일대중운동에 좌파지식인들이 결합하면서 조선공산당 같은 조직적인 저항운동이 점차 뿌리를 내리기 시작했다. 이처럼 식민도시는 그 이면에 저항도시를 잉태한다.

근현대사거리의 징용공상
목포의 식민과는 아무런 연고성이
없다. 제유노조 파업 노동자
동상이 더 적절하다.

　일제강점기가 종말을 고하면서 목포는 사회경제적으로 큰 변화를 겪었다. 식민지 시대 목포는 일제의 남면북양정책에 따라서 호남 지역에서 생산되는 면화와 쌀을 일본으로 반출하는 수탈항구인 동시에 중국-조선-일본을 연결하는 동북아 국제무역항으로 기능하였다. 목포를 기점으로 하는 호남선 철도는 경성과 평양을 지나서 남만주와 중국 내륙으로 이어졌다. 역설적으로 해방의 환희는 식민도시 목포의 쇠락으로 이어졌다. 가장 먼저 일본과 단절되었

고, 뒤이은 분단과 한국전쟁은 대중국교역 및 인적 교류를 끝장
냈다. 더 이상 동북아 국제무역항으로 존재할 수 없게 된 것이다.

해방 이후 목포는 일제시대 전국 4대항과 6대 도시라는 타이틀
을 반납해야 했다. 대신 신안, 무안, 영암, 해남, 진도, 완도, 제주
등 서남권 농어촌을 연결하는 상업, 유통, 행정, 교육의 지역 거점
도시 정도의 위상으로 격하되었다.

짧은 전성기와 급격한 쇠락

1960년대 이후 비약적인 경제개발 과정에서 생겨난 호남에 대한
소외와 차별은 목포도 예외가 아니었다. 여수나 광양 같은 전남
동부권이 중화학공업도시로 탈바꿈하는 동안 목포권은 산업도시
로 변신을 꾀하지 못했다. 자본집적이나 인프라도 부족하고, 정책
적으로도 소외됐기 때문이다.

그렇게 목포는 침체와 퇴행의 늪으로 점차 빠져들었다. 2000년
대 초 최대 숙원이었던 전남도청이 목포 인근 남악리(무안군)로 이
전했지만, 떼놓은 당상이라던 목포-무안-신안 통합이 실패하면
서 결국 전남 서남권 신도시개발은 물거품이 됐다. 그 여파로 현
재까지 목포는 도시발전과 미래 비전을 상실한 채 급격한 인구 유
출과 도시 인프라 붕괴, 재정위기로 표류 중인 상황이다.

목포는 원래 무안에 속한 촌락이었다. 개항장이 되면서 신흥
도시 목포부로 발전했고 그 뒤로는 농촌지역인 무안을 압도했다.
그러다 한 세기가 지나자 이번에는 변두리였던 무안군으로 전남
도청이 옮겨오면서 둘의 위상이 역전되고 말았다. 무안반도는 이

렇게 통합과 분리가 반복되는 애증관계에 있다. 그래도 1990년까지 인구 규모로 목포는 전국 20대 도시를 유지했다. 드라마 〈응답하라 1988〉을 보면 여수와 순천에서 온 대학 신입생들이 대화를 나누면서 "여수가 18만, 순천이 16만"이라고 도시 규모를 두고 말다툼을 벌이는 장면이 나온다. 그때 목포 인구는 25만이었다. 지금은 21만으로 줄어들어서 순천과 여수에 이어 전남 제3도시다.

목포는 급속하게 부상해서 비교적 짧은 전성기를 누리다가 해방과 고도 성장기에는 급속하게 쇠락의 길을 걸었다. 조로(早老)한 것이다. 그렇게 개항시대의 뉴스타 시티는 올드시티가 되었다. 영광은 짧았고 쇠락과 침체는 길다.

2) 갈수와 침수의 도시

/

물을 막는 사람들

1970년대에 청호중학교와 제일중학교를 다닌 내 또래 중에는 집에서 연탄재를 들고 등교한 기억이 있을 것이다. 바다를 매립해서 만든 운동장의 침수를 막기 위해 연탄재로 메웠던 것이다.

목포는 갯벌과 갯가를 매립해서 만든 도시다. 하당신도심도 거대한 간척지이다. 주택지대에서 땅을 조금만 파도 물기가 묻어나는 뻘이 나온다. 노가다 할 때 하수구 보수공사를 따라다닌 적이 있는데, 콘크리트로 복개한 하수구 뚜껑을 따고 한 삽만 파도 으레 뻘과 연탄재, 흙이 뒤섞여 나왔다.

남해빗물펌프장
바닷물 역류를 막고, 넘치는 빗물을
바다로 보내서 침수를 막는다.

　그래서 대조기(슈퍼만조)나 폭우가 쏟아지면 하수구로 바닷물이
역류해서 저지대부터 순서대로 잠겨서 시내 도로가 막히기도 했
다. 선창 북항 뒷개는 말할 것도 없고 용당동은 '퐁당동'이 됐다.
복개가 되기 전 하수도로 쓰던 하천들이 넘치면 푸세식 화장실까
지 몽땅 침수되는 참사가 반복적으로 일어났다. 그나마 1980년대
말부터 북항 용당동과 삼학도 등에 빗물 해수 펌프장이 설치되면
서 서서히 침수의 공포에서 벗어날 수 있었다. 그럼에도 침수는
간척도시인 항구도시 목포의 숙명이기도 하디.

물을 찾는 사람들

목포는 근본적으로 물이 귀한 도시였다. 매립지다 보니 우물이 없

고, 주변에 높은 산이 없다 보니 지하수가 귀했기 때문이다. 주민이 2천 명에 불과했던 한미한 어촌이 느닷없이 국제개항장으로 대변신을 하다 보니 무엇보다 마실 물을 비롯한 생활용수가 부족했다.(1910년 기준 목포 인구가 약 1만 명이 넘는데, 조선인과 일본인의 비율이 7대 3정도였다.)

식민지 시대 목포 인구는 10년마다 두 배 이상 늘어났는데, 당시 조선의 평균 인구증가율은 34.1퍼센트였지만 목포는 무려 369.9퍼센트에 달했다. 일제 행정당국은 심각한 물 부족 사태를 해결하기 위해 유달산과 무안 등에 1~5수원지를 개발하고 상수도를 연결했다. 그러나 몰려드는 인구의 생활용수 수요를 감당하기 어려운데다가 그나마 일본인 거류지에만 수도가 공급되었다. 그래서 조선인은 우물이나 공동수도 앞에 줄을 서서 물통으로 식수를 날라야 했다. 수원지 고갈로 물 배급은 물론 단수사태도 반복적으로 일어났다.

1960년대 서민동네에서 흔히 볼 수 있었던 물지게
당시 집 안에 설치된 수도는 생활권력이었다.

이런 만성적인 물 부족은 해방 이후에도 이어졌다. 양만 부족한 게 아니라 식수의 질도 좋지 않고, 물값마저 비싼 삼중고가 목포 시민들을 괴롭혔다. 수원지 같은 수동적인 저수방식에서 벗어나서 천신만고 끝에 나주와 영산호에서 영산강물을 끌어왔지만, 수질이 악화돼 목포시민 사이에서 "광주 똥물을 돈 주고 마신다"는 한탄이 끊이지 않았다. 애당초 영산강은 지류가 적고 유량과 강폭도 좁은 편이라서 강물이 청정하지 못했기 때문이다. 영산강변 몽탄정수장이 가동됐지만 물 문제는 해결될 기미가 보이지 않았다. 당시 영산강은 '뚜껑 없는 하수구'라고 불릴 정도였다.

시민들은 1990년대 중반까지도 수돗물 대신 유달산이나 양을산의 약수터에서 말통으로 물을 길어서 식수로 사용했다. 그러나 약수가 음용수로 사용할 수 없는 오염수라는 사실이 밝혀져서 시민건강 관리 차원에서 큰 문제가 드러나기도 했다.

참다못한 목포시민들은 1991년 '물 문제 해결을 위한 시민대책위원회'를 만들어서 시민운동을 벌였고, 1994년에는 역광장에서 대대적인 궐기대회를 열기도 했다. 당시 외쳤던 구호가 "주암댐 물을 달라!"였다. 시민의 간절한 바람과 단결된 모습으로 1996년부터 주암댐의 맑은 물을 먹게 됨으로써 백년에 걸친 목포의 한 많은 물 문제는 일단락됐다. 그러나 여전히 목포의 물값은 다른 지역에 비해 비싼 게 현실이나.

목포가 물 문제를 해결하는 데에는 환경운동의 선구자이며 시민지도자였던 고 서한태 박사께 큰 빚을 졌다고 할 수 있다. 생전에 뵌 서 박사는 호탕하고 경륜이 넘치는 분이셨다. 아울러 목포시민대책위 상임대표였던 고 김창룡 선생도 향토사업가로서 시민들의 염원을 해결하기 위해 동분서주했다. 선생은 선친의 계원으로 어릴 적 내 손에 거금 백 원짜리 지폐를 꼭 쥐어주셨던 인연이 있다. 그 딸이 통합진보당 국회의원을 지낸 김미희 전 의원이다. 어릴 때부터 공부 잘하기로 소문이 자자했다. 부친을 많이 닮았다.

3

호남정치 1번지
-정치의 과잉과 결핍

'호남정치 1번지'는 목포의 별칭 중 하나다. 후광 김대중이 성장한 고향이고 과거 목포가 전남 제1도시로서 호남 지역 민심의 풍향을 반영했기 때문이다. 목포는 광주 못지않은 민주당의 심장이었고, 5·18 때도 광주와 함께 시민군이 총을 들고 계엄군을 쫓아낸 곳이었다. 목포는 원래 야당 도시였다. 1950년대에 자유당 후보는 낙선했고, 이승만이 아닌 조봉암에게 투표한 도시였다.

목포전쟁

디제이를 전국적 거물로 만든 사람은 역설적으로 당시 대통령이었던 박정희였다. 1967년 박정희는 총선에서 김대중을 낙신시기러고 직접 목포까지 내려와서 당시 여당 후보의 지원유세에 나서는 등 노골적으로 선거에 개입했다. 이른바 '목포전쟁'이었다.

그러나 김대중은 박정희 정권의 집요한 관권선거를 물리치고 당선됨으로써 일약 박정희 군사정권에 맞설 뉴 페이스이자 라이징 스타가 됐다.

그리고 1971년 대선에서 40대의 김대중은 당시로서는 획기적인 진보적 사회정책으로 선풍적 인기를 끌면서 정권교체 직전까지 박정희를 몰아붙였다. 이후 김대중은 유신 치하에서 죽을 고비를 넘기면서 한국의 만델라가 되었다.

민주화의 역설─당사자성과 숙의 민주주의의 상실

1988년 이래 목포는 민주당 계열이 모든 선거에서 완승하고 있다. 퍼펙트게임이다. 정권교체 전에도 목포는 이미 민주당의 영지였다. 지방정부와 시의회는 민주당이 장악하고 통제했다.

민주당 내 주류와 비주류의 다툼만 있었을 뿐 사실상 토호세력과 끈끈한 관계를 맺고 있는 정경유착이 일반적이었다. 모두가 알고 있는 사실이지만, 절대권력은 절대부패한다. 변변한 도전자도 없고 존재감 있는 야당의 비판과 견제가 없는 일당독점은 무능과 독재로 이어진다.

2000년대 이후에 지역에 등장한 민주노동당이나 정의당 같은 이른바 진보정당이 틈새를 비집고 들어간 적이 있으나 역부족이었다. 진보정당이라고 해도 사실상 액세서리 정당에 불과했다. 더구나 진보정당을 주도한 세력은 족보상 민주화운동 과정에서 민주당을 비판적으로 지지했던 집단이었다. 그래서인지 민주당과 빡세게 맞붙어 싸우지 못했다.

민주당의 일당독점과 무능을 막으려면 적어도 지역사회에서는 민주화투쟁을 하듯이 호되게 싸워야 했다. 학생운동과 재야단체의 다수파가 민주당과 김대중을 지지할 때 정면으로 반기를 들었던 나로서는 그들의 진보정당으로 변신을 신념이 아닌 정치적 이해관계에 따른 선택이라고 보는 편이다. 그래서 나는 진보정당과 시민단체의 전통에 대해 부정적이다.

이렇게 '87년 민주화'는 목포 지역에서는 정치독점과 일당독재라는 심각한 부작용을 낳았다. 그것이 호남정치 1번지의 이면이다. 더 심각한 일은 지금까지 수십 년 간 이어진 민주당의 독점 카르텔에 그 누구도 정면도전하지 않는다는 점이다.

각 지역의 골목대장격인 정치인들은 2~30년 씩 장기집권을 하는 경우가 흔하다. 그 과두정치 아래 권력은 과점되거나 세습된다. 민심은 "어차피 민주당인데" 하면서 자포자기하거나 "아무리 그래도 민주당만한 데가 없어"라는 가스라이팅에서 헤어나지 못하고 있다. 심지어 상당수 시민단체와 언론도 당파적으로 줄을 서서 기득권 2부로 추락하는 형국이다.

산업기반과 경제시스템이 취약한 목포는 우호적인 중앙정부의 힘을 빌어서 지역발전을 추동하려는 선거의존성이 강하다. 이는 정치몰입을 확장시키고, 일당 지지는 다양하고 민주적인 정치의 실종으로 이어진다.

정치과잉은 정치결핍으로 뫼비우스의 띠저넘 무한반복 된다. 그렇게 목포는 서서히 그러나 뚜렷하게 호남의 막다른 골목이 되고 있다.

해결의 실마리는 역시 당사자 민주주의 및 숙의민주주의를 복

원하는 데 있다. 진영논리와 '묻지마 지지'로 왜곡돼버린 민주화운
동의 전통을 재검토해야 할 것이다. 햇빛에 너무 오래 있으면 바
래지고 퇴색되며, 오랫동안 그늘에 머문 자리에는 치명적인 독버
섯이 자라나는 법이다.

4

목포라는 도시전설

1) 도시전설1-오거리 이야기

‘삼거리’ 혹은 ‘사거리’는 지방 소도시 읍내마다 있는 향토색이 물씬 풍기는 구수한 지명이다. ‘오거리’는 목포의 명동이었다. “오거리에 나간다”고 하면 모처럼 시내에 가서 문화와 소비생활을 즐긴다는 말이었다. 지금은 근현대사거리의 입구에서 전국의 젊은 관광객들이 붐비는 핫 플레이스가 됐다.

도시재생사업 전 오거리
평면도(목포시)

전남 제1번지

전남 제1도시의 최대 번화가답게 오거리는 신사숙녀와 청년학생
의 거리였다. 흙다방, 목다방, 묵다방, 용다방, 밀물, 바다, 목우
등 즐비하던 다방에는 지역문인과 묵객(墨客), 예술가들이 모이고
이러저런 개인전이 열렸다. 1960년대 중반, 아직 저항시인이 되기
전 목포 출신 청년 김지하와 훗날 시대를 대표하는 평론가가 된 김
현이 귀향해서 문학과 세계를 고뇌하던 예향이었다.

1980년대 청춘들은 미로다방 세대였고, 그 아래 지하 카사노바
카페에서는 밤마다 노래자랑이 열렸다. 4050들은 남미회관과 백
악관, 리버사이드, 아리랑회관에서 온갖 쇼와 '오부리빵'을 즐겼
다. 향락의 시대였다. 입에 살살 녹는 세련된 께끼(케이크)와 양과
자를 팔던 코롬방 제과점을 필두로 새마을, 북극당, 석빙고 같은
이름난 제과점이 가난한 변두리 소년을 주눅 들게 했다. 그때는
감히 들어갈 엄두가 나지 않던 곳이었다.

조흥은행(현 대중음악전시관) 건너편에는 목포의 물랑루즈 용빠
의 휘황찬란한 불빛이 항구도시의 밤을 밝혔고, 그 옆에 자리 잡
고 있는 목포의 힐튼호텔 대도장 여관에는 지역유지와 선주, 사업
가, 정치인이 들락거리며 성황을 이뤘다. 당시로서는 귀했던 검정
전화기가 방마다 있던 기억이 생생하다. 그 아래쪽 남일극장에서
〈빠삐용〉(1973)과 〈스타워즈〉를 봤다. 스티브 맥퀸이 그려진 간판
위로 밤눈이 새록새록 내리던 장면이나, 목수이셨던 외조부께서
극장 간판을 만들고 수리하는 일을 하시던 기억도 난다.

스무 살 때, 오거리에 있던 UFO에서 성신간호대(현 가톨릭대

학) 여학생들과 신나게 춤추며 놀고 있는데 갑자기 단속이 떠서 아비규환의 탈출극이 벌어지기도 했다. 그 클럽 아래에는 술값이 꽤 비쌌던 코파카바나가 있었는데, 지금은 100킬로그램이나 나가는 친구 하나가 댄서로 활약하기도 했다. UFO와 스타클럽은 디스코텍, 코파카바나는 나이트클럽이었다. 목포 엠비시 라디오에서 블론디의 '콜미'(call me)를 틀고서 나이트클럽 광고를 하던 시절이었다.(광고 전문 부부 성우 나영진 형님은 나중에 목포 엠비시 초대 노조위원장이 됐다.)

중앙교회와 YMCA

1980~90년대 목포 시내에서 가두시위가 벌어지면 오거리를 사이에 두고 목포역 진출 공방이 벌어졌다. 코롬방 제과점 옆 중앙교회는 재야운동의 본거지였다. 목포의 명동성당이나 다름없었다.

YMCA에서 야학은 물론이고 노동자 모임과 집회도 자주 열렸다. 김씨 성을 가진 총무님이 힘을 써서 노동야학 새벽클럽을 만들었고, 간사 중에 김기련이란 분이 노동자들에게 아주 친절했다. YMCA 옆에 유달서점이 있었는데, 시민주로 운영한 사회과학전문서점으로 나도 주주의 한 사람이었다.

건달들

신상사파가 설치던 서울 명동과 마찬가지로 오거리는 five points family, 즉 목포 오거리파의 본거지였다. 전남권 최대 조폭 조직이었다. 1970~90년대까지 목포에는 경찰이 파악한 바로는 오거리파와 서산파, 로얄박스파, 뒷개파, 새마을파, 수노아파 등 모두 여섯 개의 조폭 조직이 있었다. 오거리파가 전통과 실력에서 탑이었는데, 그 전까지 도꼬다이식 선배 건달들과 달리 조직적이었다고 한다. 난다긴다 하는 동네건달들도 오거리에 나와서 다방이나 당구장, 술집을 출입했지만, 시내 중심가는 엄연히 오거리파 나와바리였다. 서울에서도 알아주던 보스 이 아무개씨는 젊은 나이에 병사했는데 공포의 대상이면서 한편으로는 처세가 화통해서 후배들의 신망이 있었다고 한다. 주로 도박판이나 사채업으로 돈을 벌었다고 전해 들었다.

지역건달 왈패들은 전국 어디에나 있다. 다만 목포를 비롯한 호남 출신 조폭들은 나와바리를 서울로 확장하면서 주목을 받았다. 돈 나올 구석이나 일자리가 변변찮은 전라도에서는 깡패노릇도 팍팍했기 때문이다. 물론 깡패는 깡패일 뿐이다.

목포 출신으로 서울로 진출한 최고 유명 건달은 번개 박 아무개씨(생존)다. 성공해서 벤츠를 타고 다닌다는 소문이 돌았다. 삐딱하고 힘깨나 쓰는 어린 청년들에게는 동경의 대상이 되기 충분했다. 김태촌의 상경을 도운 선배이기도 했는데, 그래서인지 목포는 전통적으로 조양은보다는 김태촌 계보 쪽 건달이 많다.

한때 세상을 떠들썩하게 한 서진룸살롱 사건 당시 피해자 측은 김태촌의 방계에 속한 건달들이었다. 1990년대 중반, 목포에서 전통의 오거리파와 신흥 조직인 수노아파 사이에 세력 다툼이 벌어진 일이 있었다. 일본식으로 표현하면 '항쟁'이 벌어진 것이다.

당시 엠비시에서 생방송으로 긴급편성해서 목포 조폭 충돌사건

범인들을 전국에 공개 수배했다. 그 방송의 진행자가 손석희였다. 텔레비전을 보면서 이게 과연 정규방송을 중단하고 생방송을 할 사안인가 하는 생각에 좀 어이가 없었다. 나는 경상도니 전라도니 하는 지역 차별에 둔감한 사람이지만, 그날만큼은 화가 났고 방송국의 의도에 분개할 수밖에 없었다.

다시 오거리 시대

지금 오거리는 레트로 관광거리가 됐다. 전남 최고의 키보디스트인 동네친구 선택이가 연주하는 '바운스'를 비롯한 라이브 클럽이 모여 있는데나, 전국 각지에서 여행 온 젊은이들이 쉬고 놀면서 즐기고 소통할 만한 문화소비 공간들도 제법 생기고 있다.

로컬밴드 '바운스'
30년의 관록을 자랑한다. 오른쪽이 임선택 마스터/가운데는 김영국 기타리스트

'태동반점'에 줄을 선 청년들
클래식한 맛과 정직한 가성비는 세대와 지역을 초월한다.

오거리가 예전처럼 화려한 중심가로 부활하기는 어렵겠지만, 청년문화와 남도 전통예술이 조화를 이루는 청춘과 세대의 플랫폼으로 재탄생하려는 노력과 조짐이 엿보인다. 토박이로서 그런 역사를 꼭 보고 싶다.

2) 도시전설2-북교동 이야기

/

북교동(北橋洞)은 다리 윗동네다. 아랫동네는 남교동(南橋洞)이다. 지금은 복개되었지만 예전 구도심(현재 수문水門로)에는 바닷물과 생활하수, 유달산에서 내려오는 개천물이 뒤섞인 하천이 관통했는데, 그 위 다리 위쪽을 북교, 아래를 남교라고 불렀다. 개항 초기에는 쌍교촌이라고 불렀다.

깨동특공대

북교동과 인근 죽교동과 달성동은 모두 유달산 자락에 있는데, 20대였던 시절에는 퉁쳐서 "깨동"이라고 불렀다. 깨동은 교동 발음을 비튼 것이다. 유달산에 가까운 고지대는 달동네였는데, 중학교만 마치고 고무공장에 다니는 청소년들이 많았다. 그들과 힘을 합쳐서 연판장을 돌렸고, 스무 명 남짓을 조직해서 돌격대를 만들었다. 이 돌격대가 고무공장 파업에서 선봉대로 대활약했다.

그렇게 파업한 뒤에 집단해고가 되고 나서는 북교동 윗동네에 있는 동료의 자취방이나 화신약국 옆 튀김집에서 모였다. 이제 다들 오십대 중반이 됐을 텐데 형으로서 챙겨주지 못해서 미안한 마음이다. 이미 고인이 된 동생들도 있다.

북교동 아래는 꽤 번화가였다. 신안군청도 있었고, 중앙극장과 다방, 식당이 몰려 있었다. 북교동교회 부근에는 기와집이 많았는데 전통적인 부잣집이었다. 지금 예술인골목이 된 북교동성당 부근은 목포 최고 유지였던 김성규(극작가 김우진의 부친)의 저택이 있었다. 암태도 소작쟁의 사건의 지주인 문재철 집안의 저택도 근처에 있고, 전통 유지인 차씨네 집안도 자리 잡고 있었다. 항구 부근 유달동이 일본인들 거리였다면, 북교동은 조선인 부호와 유지의 동네였다. 오래된 기와집들이 있고, 특히 김우진과 차범석의 인연 때문에 이곳은 문학과 예술의 거리로 지정됐다.

서편제

1950년대까지 북교동 위쪽에는 판소리와 춤을 가르치는 학교인 '권번'이 있었다. 그 중 진도에서 온 유명한 소리 선생이 인력거집 문간방에 세 들어 살면서 강습을 했는데, 그 어린 딸은 유명 인간문화재가 됐다.

이은관, 조상현, 임방울 같은 쟁쟁한 명창들이 북교동을 들락거렸다고 한다. 한국 춤의 대가로 유명한 우봉 이매방은 북교초교 출신이다.

옥단이 단쓰 개딴쓰

옥단이는 1950년대까지 실존했던 여성이다. 정신이 매우 '프리'했다는데, 여기저기를 기운 짧은 치마와 짝짝이 고무신을 신고 북교동을 주름잡는 '댄싱퀸'이었단다. 동네 아그들이 따라다니면서 "옥단아~ 옥단이 단쓰~"라고 하면 전신 행위 무용을 했다고. "미친년"이라고 불렸지만, 영국 록그룹 롤링스톤스의 히트곡 '루비 튜스데이'(Ruby Tuesday)의 노랫말처럼 어디선가 나타났다가 어디론가 사라졌던 물지게꾼 옥단이. 현재는 북교동 뒷길을 '옥단이길'로 지정해서 매년 축제를 한다. 목포 구도심의 마스코트 옥단이~.

'뻥꼬' 영화

어릴 적 나는 외갓집에서 컸다. 엄마가 자주 병치레를 했기 때문이다. 외가는 북교동 터줏대감이었는데, 외조부는 앞서 말한 것처럼 목수였다. 우물이 있는 큰 집에 살다가 길 건너 '불종대'(의용소방서) 뒤편 남교동 양조장 옆 2층집으로 이사를 갔다. 어릴 때는 누구나 그랬듯이 동네 형들을 따라다녔다. 형들의 세계는 멋있었다.

어릴 때 봤던 영화는 말 그대로 신세계였다. 외가 건너편에 있던 원진극장은 저렴하고 허름했고, 중앙극장은 개봉관이었다. 원진극장은 매점 할아버지 '빽'으로 공짜로 영화를 봤지만 중앙극장은 동네 형들에게 업혀서 화장실 골목 담을 넘었다. 일명 '뻥꼬' 영화보기였다. 특히 〈도라 도라 도라〉(1970)라는 전쟁영화가 기억난다. 일본이 진주만을 공습할 때 공격 개시 암호가 '도라 도라 도라'였단다. 그때 어울렸던 동네 형들 중에서 안경잡이에 웃는 낯이어서 좀 꺼벙해 보였던 형님은 나중에 외과의사가 됐단다.

게스트하우스

유서 깊고 뼈다구 있는 동네이다 보니 최근에는 게스트하우스가 많이 생겼다. 돌아보니 아담하기도 하고 규모가 꽤 있는 한옥들도 있고, 단정한 호스텔도 있다. 어떤 곳은 갤러리를 겸하는 곳도 있다.

북교동 게스트하우스

원래 북교동은 조용하고 기품이 있어서 목포의 북촌, 서촌이라고 할 만한 곳이다. 유달산 바로 아랫동네라서 전망도 좋고 굴다리 같은 아기자기한 골목도 남아 있다. 여행객에게 제격인 문화 게스트하우스가 여럿 있고, 이주자들이 개인주택을 리모델링해서 호젓하게 정착할 만한 분위기 좋은 동네다. 5분만 올라가면 유달산, 길을 건너면 도심이라서 인프라도 좋다. KTX와 SRT 역에서도 걸어서 15분이면 도착할 수 있다.

어제 북교동과 남교동을 돌아다니다가 괜히 눈물이 핑 돌았다. 손수건에 싸온 엿과자를 쥐어주시던 외할머니, 공장 동생들과 외상으로 튀김안주에 막걸리 먹던 생각, 북교동 언덕배기에서 하수

구를 파다가 그 동네 살았던 옛 애인 언니가 나타나서 하수구 속
으로 숨었던 기억이 나서 그랬는지, 아니면 파란 가을하늘이 눈에
시렸는지 모르것다.

3) 도시전설3-서산동과 온금동

/

째보선창, 다순구미, 생존의 터전

서산동(西山洞)과 온금동(溫錦洞)은 유달산 바로 기슭 선창에 닿아
있는 바닷가 달동네다. 서산동은 보리마당이라는 공터 아래로 구
수협 위판장을 마주보는 동네이고, 온금동은 구 조선내화공장 윗
동네다. 공장 맞은편을 "째보선창"이라고 했는디, '째보'는 언청이
의 사투리다. 바닷가 경계가 ㄷ자로 쑥 들어갔기 때문이다. 지금
은 매립돼서 스타벅스 빌딩
이 서 있다.

째보선창 바로 맞은 편에 있는
식당이 이정표 역할을 한다

온금동은 순 우리말로 '다순구미'라고 하는데, 양지바른 동네 자리에서 유래된 말이다. 두 동네 주민의 대부분은 뱃사람 가족이었다. 고깃배를 타려고 전국에서 모여든 사람들이었고, 6·25 직후에는 실향민들도 정착했다. 남자들은 중선배(남중국해로 나가는 근해 어선)를 탔고, 여자들은 아래 공판장에 나가서 생선이나 미역, 굴 등을 다듬어서 일당을 벌었다. 자식들은 대부분 중학교만 마치고 공장에 다니거나 서울과 부산 같은 대도시로 떠났다. 특히 딸들은….

온금동 다순구미

내가 다니던 공장에도 서산동, 온금동 사람들이 많았다. 경자이라는 아가씨와 친했는데, 나보다 한 살 많았다. 서산국민학교만 졸업하고 고무공장에 들어왔는디, 입사 10년이 넘는 재봉과 고참이었다. 남동생 둘과 할머니를 부양하느라 그랬는지 늘 피곤해

보였다.

당시는 언니나 형의 주민등록으로 10대 중후반에 들어와서 20대 초중반에 비슷한 처지의 이성과 만나서 동거를 하고 가정을 이루는 게 '국룰'이었다. 20만 원짜리 사글세 단칸방에 숟가락 몽둥이만 있으면 되던 시절이었다. 저출산이나 결혼 기피는 상상도 못 했다. 다들 열악한 산동네인 서산동과 온금동을 벗어나려고 열심히들 살았다. 그래서인지 구도심에서도 상주인구가 줄어드는 공동화(空洞化) 현상이 다른 지역보다 빨리 진행됐다.

노동자 시인 정명자의 시를 찾습니다

몇 년 전부터 서산동은 시화마을이라는 관광지로 변모됐다. '하꼬방' 같은 빈집에 청년들이 들어와서 카페를 비롯한 다양한 문화공간이 만들어냈다. 골목 담벼락은 삶의 애환이 담긴 시로 멋지게 꾸며놓았다. 동네 어귀에는 영화 〈1987〉(2017)의 촬영지인 연희네 슈퍼가 방문객을 끌었다.

하지만 정작 1980년대 초반 서산동을 노래한 동네 토박이 출신 노동자 시인인 58년생 정명자의 시는 어디에서도 찾아볼 수 없다. 그만큼 목포는 무심하다고 또 다른 토박이인 나는 감히 말할 수 있다. 시화마을은 개뿔. 느그들이 정명자를, 동일방직과 유신과 전두환 파쇼를 아느냐!

통영에 있는 동피랑 마을을 벤치마킹했다고 하는데, 솔까 나와 내 친구들은 서산동이나 온금동에 가도 별 감흥이 없다. 워낙 익숙한 곳이라서 그런가…. 화장실과 수도조차 변변치 못했던 낙후된

달동네⋯. 지우지 못한 가난의 흔적들이 레트로 감성을 타고 재조명되는 게 신기하면서도 허탈했다. 세상사 새옹지마가 아니냐⋯.

서산동 시화골목 앞 풍경

조선내화

온금동에 있는 구 조선내화공장은 일제가 1938년에 세운 벽돌공장으로 2017년에 국가 등록문화재로 지정됐다. 이 공장은 해방 후인 1947년에 미군정이 민간인 성옥 이훈동에게 넘긴 적산이었다. 이훈동은 이 공장을 불하받아서 큰 성공을 이루었으며, 「전남일보」라는 언론사를 설립하기도 했다.

이훈동은 목표의 대표적 기업가로 역시 적산으로 불하받은 수려한 대저택은 지방문화재가 되었고, 지금은 성옥기념관으로 일반에 개방되어 있다. 그는 문화사업과 장학사업도 활발하게 벌여서 지역사회에서 호평을 받는 편이다.

　유달산 자락에 자리 잡고 있는 '이훈동 정원'은 일제 때 본토에서 유명한 정원 장인을 초빙해서 만든 정원이다. 오래 전부터 웨딩촬영지로 유명했고, 〈야인시대〉(2002) 같은 드라마의 단골 세트장이었다. 이 정원 역시 문화재(자료)로 지정되어 있다.

이훈동 기념관

　조선내화는 2000년대 초반 광양으로 옮기기 전까지 목포에서는 들어가기 쉽지 않은 좋은 직장이었다. 철저하게 인맥으로 연결된 하청도급으로 인력관리를 했다. 현재 조선내화공장은 앙상한 철골과 굴뚝만 남아 있다. 내가 궁금한 것은 왜 이 거대한 공장의 잔해가 보전해야 할 문화재인지 모르겠다는 것이다. 몇 년째 공사를 한다는데 그것도 신통찮고, 미적으로도 그렇게 평가할 만하게 없는 듯한데 왜 그리 벽돌 하나까지 식민의 흔적에 관심을 기울이는지 모르것다. 내가 무식한 탓인지 아니면 민족의식이 없는 것이지…. 적절한 규모의 기념시설 정도면 족하지 않겠는가. 구도심 전체를 지붕 없는 박물관으로 만드는 게 관광사업의 콘셉트라는 건 알겠지만, 도대체 무엇을 어떻게 보전하고 수리한다는 것인가. 유물유산과 골동은 다르다.

근대유산의 대부분이 식민지시대 흔적들인데, 그것들에 어떤 의미를 부여하고 해석할 것인지에 대해서 한국인들 사이에서 충분한 소통과 합의가 돼 있는가? 특히 목포 시민들이 어떻게 생각하는지 여론조사라도 한번 해봤는가? 역사와 문화유산은 열린 서사와 다양한 재해석이 바탕이 돼야 지속가능한 산업으로 존재·발전할 수 있다.

서산동에 가보니 그 많던 청년창업 카페들이 모두 철거되고 포클레인들이 길을 만들고 있다, 아마도 본격적으로 관광지 재개발을 하는 것 같은데, 자칫 초창기 어설프나마 있었던 청년들의 활기마저 없애는 것은 아닌지 심히 걱정된다.

구 조선내화

4) 도시전설4-뒷개

/

낮고 짜고 가난한, 그러나 희망이 영근 곳

'뒷개'는 도시 뒤편에 있는 갯벌 밭이라는 우리말로, 북항 포구(사실 서쪽에 가깝다.)를 가리킨다. 이 지역은 원래 목포에서도 가장 후미진 곳으로 갯가의 무허가 슬럼가로 출발했다. 하수도 시설도 제대로 갖춰지지 않았을 만큼 주거환경 자체가 열악한 지역이었다. 뒷개 포구는 압해도, 암태도, 안좌도, 자은도 등으로 가는 철부선이 다니는 곳이라서 섬 주민이 많이 정착해 살았다.

다리로 연륙(連陸), 즉 육지와 섬이 연결되었지만 지금도 아파트 단지 등에는 신안 사람들이 많아서 신안의 여론과 선거는 목포 북항 뒷개에서 결정된다는 주장이 결코 허언이 아니다. 1990년대 초 매립과 택지개발이 본격화되기 전까지 뒷개에 산다고 하면 하층민 이미지가 강했다. 원래 저지대인데다 주기적으로 바닷물이 들어오는 악조건을 감내하고 살아야 했다.

내가 다닌 고등학교는 햇볕이 쨍쨍한 날에도 운동장에 바닷물이 가득 들어와서 자연풀장이 됐다. 물이 마르고 나면 염전처럼 하얀 소금기가 남아 있었고, 거리에는 항상 갯벌 썩은 냄새와 쥐포 말리는 짠 냄새가 났다. 뒷개 냄새였다.

그렇지만 한편으로 뒷개는 학생들의 거리였다. 중고교가 각각 세 개씩 모두 여섯 학교가 좁은 동네에 밀집돼 있었다. 여중과 여고가 한 개씩 있었다. 당시에는 과밀학급이었으니 대략 1만 명 전후의 청소년들로 늘 붐볐다. 통학버스는 항상 만원이었고. 그중

약 40퍼센트는 신안, 진도, 무안, 영암, 해남, 완도 등에서 유학 온 학생들이었다. 그래서 뒷개는 자취생 천국이기도 했다. 열악한 데다 폭력이 난무하는 어려운 환경이었지만 열심히 공부한 동무들은 서울대를 비롯한 이름 있는 대학에 진학하기도 했다. 그렇게 출향해서 학교를 졸업한 후에는 자기 분야에서 성공해서 이름을 날리는 친구들도 많다.

목포뒷개(허림, 1940, 개인소장)

현재 뒷개 모습

미로

지금은 많이 달라졌지만 옛날 뒷개에는 유일한 이차선 노로 옆으로 골목이 거미줄처럼 얽혀 있었다. 그 어둡고 비좁은 미로에 집들이 다닥다닥 붙어 있어 대낮에도 볕이 잘 들지 않았다. 그런 으슥한 곳에서 불량청소년들이 순진한 학생을 상대로 '삥을 뜯는' 일이 적잖이 있었다. 우리끼리는 "정취한다"고 표현했는데, 어디서 유래한 말인지는 모르것다. 어른들은 어른대로 아이들은 아이대로 남녀노소 모두가 박력이 넘치고 폭력도 양념처럼 끼어들던 시절이었다.

까치집

뒷개 골목에는 '까치집'들이 있었다. 만화방이거나 튀김집이었는데, 거기서 솔담배를 한 개비(까치)에 100원씩에 팔았다. 스무 개들이 한 갑에 500원이었으니 네 곱 장사였다. 외상도 됐다. 가끔은 영화 〈말죽거리잔혹사〉(2004)에 나오는 '김부선' 같은 튀김집 아줌마도 있었다.

덕인고 앞 하천 위에 있는 판자로 엮은 까치집이 유명했는데, 막걸리와 라면도 팔았다. 거기서 우리 또래 둘이 목포짱을 가리는 맞짱을 떴는데 우리 학교 김 아무개가 이겼다. 그래 봐야 아이들 싸움이다. 패자는 이미 고인이 됐고, 승자는 건실하고 평범하게 잘 살고 있다.

자취방 풍경

자고로 자취방은 청소년들의 아지트다. 학교가 파하면 지금은 '박사장'이라고 부르는 친구의 자취방으로 몰려가서 라면도 끓여먹고 기타를 치면서 노래도 불렀다. 레퍼토리는 주로 '스모키', '존 덴버', '송골매'였다. 나이는 어렸지만 골초들이 많았다. 하도 담배를 많이 피는 바람에 벽지와 이불이 누렇게 되었다.

자취생들은 언제나 용돈이 궁했다. 그중 몇몇은 돈이 떨어지면 시골집에서 몰래 마늘이나 깨, 김, 쌀 등을 가져다가 팔았다. 그 '장물' 처리는 뒷개 3번, 6번 버스종점 부근에 있던 쌀집과 가게를 이용했다. 깨는 부피는 적고 가성비가 좋은 장물이었다.

북교동에 살던 친구 이 아무개는 암묵적인 합의 아래 친구 자취방의 문을 따고 들어가서 쌀과 김을 들고 나와서 팔아먹었다. 그렇게 손에 쥔 몇 천 원으로 담배와 라면을 사고, 호남극장에 가서 영화를 봤다. 당연히 나도 따라다녔다.

자취방은 일탈이 벌어지는 연애방이기도 했다. 어린 나이에 부모 품에서 떨어져 나와 객지에 살다 보니 고달프기도 하고 외롭기도 한 게 자취생의 기본 정서였다. 그래서 마음에 맞는 이성에 기대는 경우가 적지 않았다.

그런데 문제는 가끔씩 연애에 너무 몰두하는 바람에 뜻하지 않게 엄마 아빠가 되는 과속 사태가 벌어졌다는 것이다. 고3 때였을 것이다. 친구 자취방에 넓은 다락이 있었는데, 거기에 배가 남산만한 작은 여자애가 머물고 있었다. 방주인의 친구가 임신을 시켰는데 돈도 없고 갈 데도 없어서 집에서 나와 그 다락에 의탁했던 것이다. 나중에 들으니 무사히 출산했다는데, 그 둘이 어찌 됐는지는 모르것다. 그런 일이 심심치 않게 있었다.

상전벽해

이제 뒷개에는 골목들이 없다. 이미 소방도로가 뚫리고 대대적인 개발사업이 진행됐기 때문이다. 갯벌이 썩던 곳에는 아파트 단지와 서해안고속도로의 종착 쪽으로 팔차선 도로가 닦여 있고, 회센터와 위판장 같은 각종 해양수산 시설과 기관들이 즐비하다.

압해도 쪽에서 뒷개를 보면 아파트촌이 마치 수상시티처럼 보인다. 큰 다리가 놓이면서 철부선은 없어졌지만 압해도 도선장 터자리에 가면 맛있는 낙지초무침집과 자연산 횟집이 있다. 숨은 맛집이다. 적극 추천한다!

학생들이 숨 쉴 수 있게

고교생이던 1980년대 초 대한민국 학교는 폭력천국이었다. 그냥하는 말이 아니다. 내가 다닌 학교는 정문이 바로 도로와 접해있었다. 등교 시간에 교련선생에게 복장불량으로 적발되거나 지각을 하면 그 자리에서 조인트를 까이거나 원산폭격을 한 채 '빠따'를 맞아야 했다. 여학생들이 지나가는데 그런 모습을 보이는 '참사'는 어떻게든 막아야 했다. 맞아서 아픈 거보다 쪽팔리는 게죽기보다 싫은 시절이었다. 다행히 절친이 선도부장이어서 그런봉변은 면했다. 만약 늦거나 복장이 불량한 상태면 아예 기다렸다가 담치기를 해서 들어갈망정 '가오' 빠지는 짓은 피했다.

저출산의 여파로 뒷개의 학원가는 축소됐다. 그렇게 붐비던 골목과 거리는 한산해지고, 교복과 교련복을 맞추던 양복점과 분식집, 빵집도 모두 사라졌다. 이제는 자취하는 학생도 없을 것이다. 고교의 기숙사들은 시골낙도 학생들을 위한 시설이 아니라 스파르타식 관리형 입시학원으로 바뀌어버렸다. 변칙적 운영이다.

그래도 뒷개 인근에는 중고교 아홉 개와 초등학교 두 곳이 있다. 여전히 학생 과밀지역이다. 입시 대비 강사로 일하면서 일선 고교의 진학지도 현실을 겪어본 적이 있다. 모두들 서울대를 비롯한 이름 있는 대학에 합격자를 많이 배출한 명문이 되기 위해서 학생들을 관리하고 경쟁시킨다. 그 자체를 나쁘다고 할 수는 없지만, 교육철학과 진취적인 방향이 아쉬운 것은 어쩔 수가 없었다.

명문학교는 '인서울' 진학률로만 측정할 수 없다. 엘리트는 고학력 고소득자가 아니다. 제도와 인습에 묻지 마 순종하지 않고 자기 분야에서 제도와 시스템을 개발하고 혁신해나가는 인재가 아닐까. AI 시대의 교육은 문제의식과 다면적인 접근법을 익혀야 하고, 입시의 방향 또한 진학 진로를 스스로 고민하고 설계하는 청소년을 우대하지 않는가.

학생타운인 뒷개에는 정작 청소년을 위한 전문적인 문화공간이나 체험학습시설이 거의 없다. 목포의 중고교가 상위 10퍼센트 내외의 모범생들을 관리하는 곳이 아니라 나머지 90퍼센트 학생들에게도 충분히 기회와 적성맞춤형 교육을 제공하는 명문학교로 거듭나기를 바라는 입장에서 매우 아쉽다. 무상급식 무상교육보다 훨씬 근본적인 물음이다.

버버리 운동화를 사겠다고 택배 상차 일을 하러 뒷개에서 온 고딩들과 짧은 치마에 담배를 꼬나 물고 하릴 없이 거리를 배회하는 중딩들을 보면서 어른들의 책임이 새삼 무겁게 느껴졌다. 경쟁을 획일화하지 말고 다원화시키는 교육을 이곳 목포 뒷개에서 시작하면 안 되는가.

먹을거리 볼거리 놀거리

뒷개에는 신선한 수산물을 파는 식당들이 허벌나게 많다. 회 센터
에는 수많은 횟집이 있지만, 한때 특색 없는 공장식 '스끼다시'와
바가지 요금 때문에 정작 현지인들은 가지 않고 주로 단체관광객
들을 상대로 장사를 했다. 그러나 요즘에는 많이 개선되었고, 특
색 있는 식당들도 많아졌다. 내 취향인지 모르것지만 수협건물 쪽
에 있는 식당에서 맛볼 수 있는 바다장어탕이 일품이다. 아침부터
해장꾼들이 줄을 선다.

수많은 배가 정박된 부잔교(수상 부두) 옆에 있는 노을공원에서
바닷바람은 상쾌하기 이를 데 없고, 그 옆으로 늘어선 커피숍에서
바라보는 서해 풍경도 더없이 좋다. 뒷개에는 주변에 추천할 만
한 꽤 괜찮은 카페와 식당, 술집이 많다. 그 인근 연산동 방면 중
앙시장에는 싸고 힙한 청년의 거리가 있어서 한창 번화하고 있다.
낙지초무침, 낙치탕탕이(소낙), 장어탕, 활어회 세트가 좋다. 어디
가든지 푸짐한 스끼다시는 기본이다. 가서 맛보시라! 충분히 권
할 만하다! 보장한다!

북항 수협위판장(2025)

5) 도시전설5-공단 이야기

공단식당

어느 지역에나 있는 이름이지만, 목포(구)공업단지에도 철도길 아래께 골목에 공단식당이 있었다. 거기가 원조 하당(下塘, 아래 늪지대) 지역이었다. 지금 신도심 입구에 해당한다.

곱창전골, 돼지고기 스키야키 같은 안주와 식사가 맛있는 곳이어서 장사가 잘됐다. 주로 퇴근 후 노동자들이 주 고객이었고, 중간관리자들도 많았다. 듣는 귀가 많아서 뭔가 모의작당을 하기는 적당하지 않은 곳이었다. 고등학교 후배네 집이었다.

상리(上里) 슈퍼는 공단 윗동네 밭 가운데 있는 비닐하우스로 지은 동네 '전방'이었다. 거의 매일 몰려가서 외상장부 달아놓고 '가보씨끼'(갹출)로 소주에 베지밀을 섞어 먹었다.

목포 구 공업단지(1975)
아래 논밭이 있던 곳이 하당신도심이다.
지금은 모두 아파트 단지로 변했다.(박종길 사진)

"

목상고 앞에 봉봉스넥도 공단 노동자들이 주 고객이었다. 망둥어(문절이) 회판에 냉막콜(냉막걸리와 콜라)을 2대1로 마시면 배도 부르고 기분 좋게 취했다. 월급날에는 시장통 굴다리집 일로스넥 안방에서는 '재끼판'(도박판)이 벌어지기도 했다.

재밌는 게 월급날이 돼 현찰이 생기면 술꾼들은 시내로 몰려나갔고, 단골선술집에 가서는 외상을 갚고 나서는 언제 그랬냐는 듯이 다시 외상을 반복했다. 술꾼 선배는 "현찰 내고 술 묵을라믄 좋은데 가야제"라고 입버릇처럼 말하곤 했다.

한두 달에 한 번씩 하는 부서 회식은 주로 상리에 있는 서울통닭이나 남해통닭을 애용했다. 그때는 결혼식 피로연도 통닭집에서 하던 시절이었다. 가끔은 일요일 오후에 초원로스 같은 고깃집에서도 회식을 했는데, 나는 되도록 가지 않았다. 유일하게 쉬는 날만큼은 정말 쉬고 싶었다. 회식비는 개인 부담 50퍼센트였는데, 1987년 여름 이후 현장이 술렁거리자 100퍼센트 회사에서 부담하는 회식이 늘어났다. 아마 지금은 자기 돈 내고 회식하는 경우는 없을 것이며, 이젠 이런 회식 자리조차도 점차 줄고 있는 것 같다.

꼬방동네

지금 목포에서 가장 비싼 아파트가 들어선 버스터미널에서 옥암동 당가두 가는 길에는 양철 '쓰레트'로 지은 하꼬방이 많이 있었다. 공단 노동자들이 자취를 하거나 젊은 공돌이와 공순이들이 동거를 하는 거주지였다, 반(半) 시골 분위기가 나는 동네였다. 시설이 열악해서 부엌 딸린 단칸방들이 다닥다닥 붙어 있었고, 화장실도 하나뿐이었다. 그 동네에서 우리는 집집마다 「목포노동자신문」을 돌리고 담벼락에 페인트로 구호를 갈겼다. 노동3권 보장! 최저생계 보장! 같은 구호였다,

직업훈련원 건너편 갈대밭 옆에는 도금공장이 있었는데, 폐수가 흐르는 시커먼 고랑은 여름철에도 무럭무럭 김이 올라왔다. 크롬 같은 중금속 유해물질이었을 것이다. 그 매립지에 건물들이 들어선 것이다. 토양환경 오염조사는 어떻게 통과했을까?

목포 3대 공장

행남사, 호남고무, 남양어망은 구 공단시절 목포의 3대 대기업이었다. 세 공장이 합해서 약 5천여 명. 그 다음이 5~6백 명 규모의 한전자기였다. 당시 한전자기에서 커피잔과 물컵을 생산하지 않으면 전국 다방이 모두 문을 닫아야 한다고 할 정도였다. 전국 생산 탑이었다.

한전자기의 오너는 5·18 당시 진압에 반대했던 31사단장의 부관이었던 임모 예비역 중령이었다. 그 공장에서 반장이던 공수부대 하사관 출신 선배는 뭔가 실수를 했다가 임 사장에게 주먹뺨을 얻어맞고 코피가 터지기도 했다.

당시 목포는 전국 도자기 시장점유율 2위인 행남사를 정점으로 하는 생활 도자기 산업이 상당히 발달했있다. 그 외 100~300명을 고용하는 중소규모 도자기 공장이 여럿 있었고, 50명 미만 소기업도 수두룩했다.

기업주와 노동조합

그물 제조로는 전국최대였던 남양어망도 향토기업이었는데, 기사-기감-기정 같은 식으로 경찰계급을 연상시키는 일본식 노무관리를 했다. 공장문화가 폭력적이어서 욕설과 성희롱에 '줄빠따'까지 있었다. 어디나 그랬지만 그 회사는 유독스러웠다. 공교롭게도 회장은 유명한 기독교인으로 교육사업도 했는데, 월급을 상습적으로 체불했다. 열흘에서 보름가량 체불했는데 금액이 크다 보니 그 이자를 따먹으려는 술책이라는 소문이 돌았다.

결국 노동자들과 내가 소속된 목포민노협의 폭로와 고발로 크게 이슈가 되었다. 그 문제를 계기로 급기야 자회사에서 민노협 회원들이 주도한 파업이 벌어지자 회장이 직접 나와 읍소하면서 "회사 경영이 어려워서 그랬다"고 가당치도 않은 변명을 늘어놓았다.

행남사, 남양어망, 보해양조 같은 향토기업들은 공통적으로 창업주 시대에 약진했다가 2세 또는 3세 경영자로 넘어가면서 사세가 기울었고 서서히 몰락의 길을 걸었다. 대부분 미국 유학까지 다녀온 2세들이 바닥에서 기업을 일군 선대의 실력에 미치지 못했는지 사업다각화를 추진하다가 실패했고, 직원 및 노동자들과의 합도 좋지 못했다.

행남사와 보해양조는 1987년 이전에도 비교적 근로기준법을 잘 준수하는 등 기업 이미지가 좋은 편이어서 장기근속자들이 많았다. 하지만 남양어망과 호남고무 등은 열악한 근로조건과 저임금, 우격다짐식 노무관리 등으로 이직률이 높았다, 산업재해 발생도 잦았다. 근속률이 높고 노동법을 비교적 잘 지키는 사업장일

수록 노동조합도 더 활발하고 노동자들의 권리의식도 높다. 노동조건이 열악한 문제투성이 사업장은 노조활동도 어렵다. 소속감이 약하기 때문이다.

파업전후-약자들의 시대

1987년 여름 전국을 강타한 대파업 태풍은 목포공단에도 상륙했다. 내가 일하던 공장 바로 위 행남자기에서 파업이 벌어졌는데, 마침 주간조라서 하루 종일 스피커로 구호와 뽕짝소리를 들었다. 당일에 어용노조위원장이 사퇴하고 회사가 손을 들면서 싱겁게 파업이 끝났다. 그 전후로 공단 여기저기에서 자연발생적이고 단발적인 파업과 작업거부가 있었다. 그해 여름 노동자들의 목소리는 아무도 막지 못했다.

내가 다닌 호남고무는 이듬해인 1988년 4월에 파업이 벌어졌는데, 최초로 준비·계획한 기습파업농성이었다. 공장을 점거하고 열흘 동안 버텼는데, 그 여파가 어마어마했다. 전국방송에 톱뉴스로 나올 정도였다. 나를 비롯한 파업지도부 두 명은 사측과 협상하러 갔다가 회사가 고용한 광주조폭과 구사대에게 납치되었다. 열흘 동안 지리산과 내장산에 감금돼 있었다. 그렇게 파업은 끝나고 우리는 집단해고를 당했다. 지금 같으면 더 치밀하고 야무지게 일을 도모했을 텐데 어설프고 경험이 부족했다. 비상했으나 이랬다.

이를 계기로 해고자들이 중심이 되어서 노동운동의 불모지인 목포에 전남 최초로 노동단체를 만들었다. 내 인생 유일한 업적(?)이다. 이후 6~7년 동안 벌어진 파업이나 노조 결성은 거의 전부 우리와 연관됐다. 1990년에는 그물공장 영신산업에서 일어난 파업도 사전에 계획해서 실행한 것이었다. 1박 2일간 농성을 했는데 참가율이 거의 100퍼센트였다. 특히 20대 초중반 여성들이 앞장섰다. 깡패들을 동원해서 아침에 진압한다는 소식에 목포 지역 사회단체 회원들이 각목으로 무장한 채 공단에 잠복했던 기억이 난다. 영신산업 파업 여성 노동자들 중에는 유난히 미인이 많아서 엉뚱한 생각을 하기도 했지만 개인적인 실익(?)은 없었다. 마음이 콩밭에 갈 틈이 없을 만큼 당장의 파업 상황이 급했기 때문이다.

1990년대 중반까지 크고 작은 파업과 작업거부 등이 반복됐다. 무엇보다 타 지역에 비해 낮은 임금과 열악한 근무 환경, 복지 조건 때문에 공장에 다녀서는 먹고살기가 힘들었기 때문이다. 지금 노동운동을 이끄는, 즉 민주노총의 주축인 대기업 노조나 공기업 노조와는 처한 환경 자체가 달랐다.

사실 약자를 위한 노동운동조차 중소기업과 대기업은 그 족보가 다르다. 노조라고 해도 다 같은 노조가 아닌 것이다. 얼마 전 민주노총은 자신들이 더 이상 사회적 약자가 아니라고 선언했다. 현재의 민주노총과 달리 당시 우리는 약자였고, 약자의 입장에서 세상을 바꾸려고 몸부림쳤다. 그때 기억이 나면 괜히 열심히 살아야겠다고 각성하게 된다. 비록 아무도 기억하거나 인정해주지 않는다 해도 뭔가 해야 한다는 의무감이 솟아난다.

지역 기업의 실종

구 공단은 이제 흔적도 없다. 모두 아파트 단지로 바뀌었다. 새벽에 리어카에 작업 쓰레기를 싣고 소각장으로 가던 그 길은 아파트 상가가 됐다. 공단이 한창 잘 나갈 때는 매달 10일 월급날이 되면 목포 시내가 흥청망청 거렸다. 밀린 외상값도 갚고, 기마에 좋은 구찌(씀씀이 좋은 소비자)들은 시내 스텐드바에 가서 오부리빵도 하고 그랬다.

현재 구 공단 사거리(2025)
갈대밭과 작은 공장들이 있던 곳에
고급 아파트가 들어섰다.

형편없는 박봉이긴 했지만 2만 명이 넘는 노동자들에게 매달 고정수입이 있었고, 그 돈은 모두 지역에서 소비되었다. 이제 목포 시내에 남아 있는 공장은 거의 없다. 대양산단 등에 있는 식품 가공 회사들은 규모도 작은데다 고용된 노동자도 많지 않다. 그나마도 구인난을 겪고 있다.

목포에서 향토기업들이 사라진 근본 이유는, 도자기나 신발, 그물, 제분 같은 대부분의 사업이 저임금에 의존하는 노동집약적인 사양산업이었기 때문이다. 우선적으로는 경영자들의 안이한 인식과 부족한 역량 때문이기도 하고, 다른 한편으로는 대체 제조업을 육성하지 못한데다 다른 업종의 기업을 적극적으로 유치하지 못한 목포시 당국과 경제계에도 큰 책임이 있다고 할 것이다.

지난 30년간 목포는 정치적 로비를 통해 대기업과 공기업, 국책 이벤트 유치에 올인했다. 그 결과 중소기업 중심의 제조업과 관련 산업의 공백이 현저하게 드러났다. 특히 그나마 경쟁력이 있던 도자기 산업 생태계가 붕괴된 게 매우 뼈아팠다. 지금 목포는 자체 생산-소비 순환 시스템이 공동화된 지역이 됐다.

아침마다 노동자들을 출근버스에 가득 싣고 공단으로 향하던, 그런 활력의 시대는 다시 돌아오지 않을 것이다. 그 많던 공돌이 공순이들은 다 어디로 갔을까. AI가 대체노동을 하는 시대가 되면 더 살기 좋아질까….

5

광장 이야기
-광장에 영혼을

어느 도시에나 광장이 있다. 목포에도 광장 명칭이 붙은 곳이 다섯 군데 있다. 목포역광장, 평화광장, 1호, 2호, 3호 광장이다. 광장의 이름은 대개 역사성이나 지리적 특성에 따라서 명명하는데, 1·2·3호는 그야말로 아무 생각 없는 행정편의적인 숫자에 불과하다.

신도심 최고 번화가의 중심인 평화광장은 한동안 '미관광장'이라는 도시계획법상 용어로 부르다가 김대중 대통령의 노벨평화상 수상을 기념한다고 바꾼 것이다. 역전광장은 별 뜻 없는 흔한 지명이다.

1) 최인훈과 목포

/

광장

"피청구인 박근혜를 파면한다."

헌법재판소의 이 주문을 소설가 최인훈은 "현대사 최고의 문장"이라고 단언했다. 최인훈은 '광장'이다. 그는 누가 뭐라고 해도 '광장'으로 통한다.

사람과 차들은 '광장'에서 모이고 대화하고 무리를 짓거나 각자의 밀실로 흩어진다. 밀실과 광장. 그 대립적이면서 보완적인 단어인 광장은 최인훈이 쓴 소설 「광장」(1960)에서 비롯되었다. 그리고 광장은 개인과 집단, 분단과 국가를 관통하는 시대적 키워드가 됐다.

대학에 입학했을 때 소설 「광장」은 사실상 금서였다. 대학 신입생들의 시각교정을 위한 학생운동권의 의식화 교재 중 하나였지만, 소설 속 주인공 이명준이 우유부단한 회색적 지식인 같다고 마땅찮아했다. 나중에는 화끈한 조정래의 「태백산맥」(1983~86)도 나오고 아예 북한의 혁명소설들이 쏟아졌기에 「광장」 같은 노선이 불분명한 소설은 오히려 비판대상이 됐다.

그렇지만 「광장」은 이제 대입 수학능력시험(수능)에도 출제되고 교과서에 실리는 당대의 시대정신을 상징하는 문학작품으로 평가받는다. 광장과 밀실이 모두 갖춰지지 않으면 비정상 사회다. 그

래서 나는 공산주의와 공화주의, 파시즘은 형제지간이라고 생각
한다.

「광장」의 '설계자' 최인훈은 목포와 인연이 있다. 함경도가 고향
이지만 월남해서 친척이 살던 목포에 정착했다. 목포고를 나왔는
데, 극작가 차범석이 은사였다고 한다. 목포고는 전남의 명문이고
동문 간 연고의식이 매우 강하지만, 그가 목포고 출신이라는 사실
을 아는 사람은 거의 없다.

목포고 동문기념관의 벽면을 장식한
유명인사의 면면.
여기에 최인훈의 흔적은 없다.

얼마 전 목포고 행정실에 갔지만 졸업기록을 알 수 없었고, 별
도로 마련된 목포중고교 동문기념관에서도 그에 대한 기록은 없
었다. 아마도 졸업 후에 목포와 특별한 인연이 없었던 것 같은데,
그의 어느 소설 모음집에서 가족과 함께 유달산 조각공원에서 찍
은 사진과 목포에 대한 짧은 소회를 본 기억은 난다.

평화광장을 최인훈광장으로

목포 어디에도 최인훈의 인생과 문학을 기리는 흔적이 없다. 「광

장」은 최인훈의 남과 북에서의 자전적 경험에 터 잡은 소설이다. 한국전쟁 때 10대였던 최인훈은 목포에 살고 있었다. 부르주아 집안에 대한 공산당의 탄압을 피해 월남한 그는 목포에서 자본주의의 천박함과 반공멸공의 광기를 예민한 청소년기에 목격하지 않았을까. 그래서 조숙한 수재는 목포고 재학 중에 이미 대작 「광장」의 밑그림을 그리지는 않았을까.

최인훈이 청소년기를 보낸 목포가 그의 가치관 형성에 어떤 영향을 미쳤는지는 모르겠지만, 적어도 그가 공부하고 사색했던 목포고 교정 한쪽에 그 흔적이 있지 않을까 싶다. 그나마 목포고는 2027년에 영산강 건너 신도심으로 이전한다.

나는 우리 현대사의 화두인 광장을 기념해서 신도심 평화광장을 '최인훈광장'으로 이름붙이기를 제안한다. 남녀노소가 모이고 만나서 산책하는 곳, 각종 집회와 버스킹과 행사가 열리는 목포의 심장 평화광장이야말로 대문호 최인훈의 걸작 「광장」과 멋지게 어울리지 않는가. 작가의 자유로운 비판정신이 광장에서 널리널리 퍼져나가기를 기원한다.

2) 역전 광장

/

지역차별의 상징, 호남선

1913년 개통된 목포역은 지금도 호남선 종착역이자 출발역이다. 쌀과 면화를 비롯한 호남평야의 물산이 일본으로 나가기 위해 집산되는 물류센터였다. 대전발 0시 50분 목포행 완행열차를 타면 아마도 아침 6시가 넘어야 도착했을 것이다. 1980년대까지만 해도 서울 용산행 비둘기는 12시간이 걸렸다. 통일호는 5시간 30분, 새마을은 4시간 반가량 걸렸다.

그 시절 호남선은 단선이어서 급수가 낮은 열차는 간이역에서 대기해야 했다. 1990년대 중반까지 호남선 복선화는 지역민들의 염원이었고, 영호남 차별의 상징이었다. 1992년 대통령선거에서 민중후보 백기완 선거운동을 할 때였다. 유세 캠프에서 지역 공약을 묻길래 "첫 번째가 조속한 호남선 복선화"라고 답신했다. 백기완 후보는 역전광장 유세에서 제일성으로 "호남차별 철폐!"를 힘주어 외쳤다. 그 오랜 숙원은 1997년에 완전 복선이 되면서 이루어졌다.

멜라콩 박길수의 선행

어릴 적 어른들은 목포의 3대 기인으로 평화극장 외팔이 기도와 역전의 춘자, 그리고 멜라콩을 꼽았다. 멜라콩 박길수(1928~1994) 선생은, 선천적 장애인으로 팔다리가 불편한데다 안면도 틀어져서 발음이 어눌하고 부정확했다. 멜라콩이라는 별명은 기형적인 얼굴을 빗댄 멸칭으로, 일본 사무라이 영화에 등장하는 코미디 배우에서 유래됐다고 한다. 당시 잡역부들이 쓰던 붉은 모사의 일본어 표현인 '아까 보'의 보 발음이 굳어져서 그랬다는 주장도 있다.

박 선생은 초등학교 다닐 나이에 목포역 대합실에서 노숙을 하면서 잡일을 했는데, 주위 사람들에게 성실성을 인정받아서 소화

물 취급 잡역부로 발탁돼 48년간 일했다. 선생은 평생을 가출청소
년, 부랑아, 떠돌이 창녀들을 폭력에서 지켜주었을 뿐 아니라 그
들을 먹이고 재우는 선행에 앞장섰다. 가난한 여행자들을 위해서
무료화물 보관소와 숙박휴게소를 만들어서 운영했다. '1년 1선'을
인생의 좌우명으로 삼고 실천했지만 그의 삶은 매일매일이 선행
과 봉사였다.

길거리에 방치된 '멜라콩 다리' 기념비

짐을 지고 자신이 만든 다리를
건너가는 멜라콩 박길수

1960년대까지 목포역은 바닷물이 들어오는 인근 하천에 다리
가 없어서 시민들이 큰 불편을 겪고 있었다. 이에 박 선생은 거금

60만 원(현재 가치로 목포 시내 아파트 한 채 가격)을 쾌척해서 직접 공사를 시작했다. 이에 공감한 시민들이 모금운동을 벌여서 1964년 4월 드디어 다리가 놓였고, 시민들은 그 다리에 '멜라콩다리'라는 비석을 세웠다.

지금은 이미 복개도로가 됐지만, 그 소중한 역사적 현장에는 아무런 기념 안내판도 없다. 당시 세운 비석은 페인트가 칠해진 채 전봇대 아래 담벼락에 박혀 있다. 이 엽기적이고 몰상식한 행태에 참담함을 금할 길이 없다. 어서 빨리 보전조치를 취해야 한다. 선행을 조롱하는 작태가 아니고 무엇인가. 대체 왜 그럴까. 그곳을 지나갈 때마다 마음이 무겁다.

1950년대 목포에는 피난민과 전쟁고아가 넘쳐났다. 그 혼돈의 시대에 목포에는 오갈데 없는 아이들과 부녀자들을 보듬어주는 시민들이 있었다. 박길수 선생뿐 아니라 바닷가 대반동에는 대모 윤학자(다우치 치즈코) 선생이 남편 윤치호와 세운 공생원이라는 고아원에서 고아 3천여 명을 키웠다. 지금 유달산 중턱에 있는 덕인학원(설립자 이복주)도 원래 전쟁고아들을 거둔 성덕원이 그 시작이었다.

민주화를 위한 헌신한 안철

5·18 당시 목포역은 시민투쟁위원회 본부였다. 광장에서는 매일 시민궐기대회가 열렸다. 광주에서 내려온 버스 시위대를 통해 광주의 학살소식을 접한 시민들은 크게 분노했다. 시민들이 파출소의 무기고를 탈취해서 시민군을 조직하자 놀란 계엄군이 철수하

고 목포는 시민투쟁위원회가 자치적으로 관리했다. 다행히도 광주와 같은 유혈사태는 없었다.

시민들이 자진해서 무기를 수거한 이틀 뒤 새벽에 보안사 특공대가 목포역을 급습해서 지도부를 체포함으로써 10일간의 항쟁은 끝이 났다. 광주 전남도청이 계엄군 탱크에 함락된 27일 밤에도 목포역 광장에서 시민궐기대회를 열었다. 광주보다 하루 더 버틴 것이다.

5 · 18 당시
목포역 시민집회

당시 시민투쟁위원회 위원장은 약국을 하던 안철(1946~2003)이었다. 그는 계엄군에 잡혀서 사형선고를 받고 감옥에 수감되었다. 당시 위원회의 실무담당자는 양지문이었다. 그들 모두 보안대 영창에서 고문을 당했다. 안철은 목포 재야의 대표격이었지만 정치 이력은 적잖은 논란이 되었다. 87년 6월항쟁 때 민주헌법쟁취국민운동본부 목포지부 공동의장으로 활약했지만 목포에서 김대중의 동교동계와 등진 뒤에 정주영의 통일국민당 후보로 선거에 출마했다가 낙선하였다. 그러다가 채 예순도 되지 않은 이른 나이에 운명해서 지금은 망월동 묘소에 잠들어 있다.

국회의원이나 시장 정도는 할 수 있는 이력이었지만 재야에서도 정치권에서도 자리를 잡지는 못했다. 1987년에 그가 운영하던 동아약국 2층 다락방에 두어 번 가본 적이 있다. 양지문 선배가 이끌었던 목포민주주의청년연합(목청련)과 함께 목포 재야운동의 본산이었다. 민주화에 헌신했던 그의 활약과 노고와 저평가된 것 같다.

강골불새 강상철

고 강상철(1964~1986)은 내 또래다. 1986년 6월 목포역 광장에서 5·18 진상규명을 외치며 유인물을 뿌리며 경찰과 대치하다가 분신 사망했다. 당시에 목포전문대학을 다니다 제적된 후 지역 유일의 재야단체였던 목청련에서 사회부 차장으로 일하고 있었다.

그 이듬해 연동 달동네에서 옆방에 살았던 화상환자가 자신이 화상으로 골롬반병원 중환자실에 있을때 옆 침대에 강상철이 있었다고 했다. 숨이 넘어가는 그 고통의 순간에 하느님에게 기도를 하는 작은 쇳소리를 똑똑히 들었다고 했다. 몇 년 후에는 해남 어디에 있는 묘를 광주 망월동으로 이장하는 데 갔었다. 비가 오락가락하는 가운데 부친의 서러운 울음소리가 허공을 갈랐다. 파묘를 하니 바닥에 물이 고였고 기나란 머리카락이 보였나.

지금 목포역 버스정류장 옆에는 5·18 사적지 안내판과 함께 강상철을 기리는 '오월걸상'이라는 조형물이 있다. 그렇지만 제대로 관리를 하지 않은 탓인지 시민들이 앉아서 쉬기 어려운 상태다. 그의 친구들 말에 따르면, 평소 과묵하고 책임감과 심지가 굳은 청년이었다고 한다. 앞서간 청춘들은 미라처럼 남았는데, 살아남은 자들은 이렇게 던적스럽고 추레하다. 죽음으로 가는 길이 오죽 험하겠냐만 죽는 것도 사는 것도 모두 고단하다.

목포역 강상철 기념조형물

윤판수-공무원노조의 신화

나는 윤판수(1963~2012)를 본 적이 없다. 그가 신안군 공무원노조 활동을 할 때 나는 이미 그 바닥에 떠나고, 내가 노동운동에 열중할 때는 그가 없었다.

윤판수는 전남 서남권 공무원 노동운동의 상징이다. 1991년에 세무직으로 입직해서 두 차례 전공노(민주노총 소속) 신안군 지부장과 전남본부장을 맡았다. 초창기에 공무원노조는 비합법노조였다. 그럼에도 신안군 공무원 중 98퍼센트가 가입할 정도로 활동적이었고 교섭력이 높았다. 우여곡절 끝에 공무원노조는 합법화됐지만 지자체장들의 탄압과 복수노조 등장으로 조직은 분열됐으며, 결국 전공노 신안군 지부는 해체됐다.

지자체와 대립과 노조 업무에서 오는 스트레스는 이 강직한 노조 지도자의 건강을 크게 해쳤다. 윤판수는 안타깝게도 간으로 침투해온 암을 이기지 못하고 운명했다. 오십 문턱의 젊은 나이였다. 그 뒤로 전공노 신안지부는 재건되지 못했으며 공무원노조는 위축됐다.

노조라는 게 본질적으로 이익집단이지만, 공무원노조는 행정과 공직사회의 비리를 감시·견제하는 역할을 할 수도 있다는 점에서 공익적 가치가 있다. 지금 지방 시군에서 고질적인 병폐가 된 지자체장의 독선과 전횡은 어찌보면 공무원노조가 제 역할을 하지 못한 결과이기도 하다. 윤판수 같은 노동운동가가 계속 활동했다면 갈등과 비리로 얼룩진 신안군 지방행정이 지금보다는 더 나아지지 않았을까 싶다. 아마 분명 그랬을 것이다.

3) 소주 전쟁 전설—목양광장 이야기

목포에 1·2·3호 광장이 생긴 게 대략 1970년대 말이었다. 당시에 국도 1호선을 확장하고 중앙도로를 정비하면서 교차로를 만들었다. 처음에는 "로터리"라고 부르다가 원형으로 화단과 분수대 등을 조성해서 광장을 만들었다.

목포 사람들은 1호광장을 예전부터 "목양"이라고 불렀다. 목포양조장의 준말이다. 즉 삼학소주 공장이 있던 자리에 광장이 들어섰다는 말이다. 그래서 나직이 외쳐본다.

"1호 광장을 목양광장으로 개명하라!"

삼학소주는 왜 몰락했는가

삼학소주는 과거 한때 대한민국을 대표하는 소주 브랜드였다. 1960년대에는 2위 진로와 매출에서 두 배나 차이가 날 정도로 소주의 대명사였다. 오죽하면 시중에 가짜 삼학소주가 나돌 정도였을까.

드물게도 목포를 기반으로 전국을 석권한 삼학소주의 역사는 1920년대까지 거슬러 올라간다. 극작가 차범석의 부친인 차남진과 김우진의 동생인 김철진이 공동창업했고, 해방 후에는 남진의 부친인 김문옥을 거쳐서 이모부인 김상두가 이어받았다.

승승장구하던 삼학소주는 1973년 탈세혐의로 국세청과 검찰수사를 받고 대표 김상두가 구속되면서 순식간에 공중분해되었다.

삼학소주의 몰락에는 정치음모설이 지금까지 돌고 있는데, 1971년 대선에서 목포상고 후배인 김대중에게 자금지원을 한 것에 대한 박정권의 보복이라는 게 그 요지다. 이러한 정치 개입설은 경상도 정권의 목포 소외 및 김대중에 대한 군부독재의 탄압을 배경으로 오랫동안 지역차별의 대표적 서사 중 하나로 통용됐다.

삼학소주
지금도 70대 이상에게는 참소주의
전설로 남아 있다.

그러나 최근 들어서는 당시 삼학소주의 무리한 사업확장과 출혈경쟁 등 부실경영이 원인이라는 주장이 설득력을 얻고 있다. 사업가는 항상 포트폴리오 전략을 구사한다. 특히 정치에 배팅할 때는 양다리 전략이 기본이다. 당시 노골적인 정경유착과 군부독재 치하에서 삼학소주 오너가 그런 기본적인 세상 이치를 몰랐을 리가 없다는 게 합리적인 추정이 아닐까.

보해소주의 성공과 쇠락

삼학소주가 몰락하자 광주전남에서는 보해소주가 지역 유일의 양조기업이 됐다. 나는 물론 보해소주 세대다. 보해는 진로에 비해

거친 맛이었다. 보해만 마시다가 상경해서 진로를 맛보니 술이 참 순하고 달았다.

구도심에 있던 보해공장을 노조 관계 일로 여러 번 가봤는데, 노동자들이 고무장갑을 소주로 씻는 모습을 봤다. 소주보다 증류수가 비싸기 때문이다. 공장 바로 앞에 '대안주점'이라는 가오리찜이 일품인 술집이 있었는디(그 집 딸이 초등학교 동창) 퇴근 후 보해 노동자들이 와서 보해소주를 사먹는 게 새삼 우스웠다.

대표적 향토기업인 보해양조는 2000년 초반 보해저축은행 부정대출사건으로 몰락했다. 그때 보해에 저축했던 수많은 목포 시민들이 큰 피해를 봤는데, 그 배신감에 목포에서 '반(反)보해 정서'가 팽배해서 참이슬이 소주 시장에서 우위를 차지하게 됐다는 게 정설이다.

지금도 보해소주는 판매하고 있지만 예전 같지 않고 향토기업으로서 위상도 잃었다. 뭐든지 잘 나갈 때 더 조심하고 관리해야 하는 법이다. 사실 보해양조는 소주도 좋지만 '매취순'이 향도 좋고 맛도 있다.

민정당사 습격 전말

1980년대 초반 1호 광장에 당시 목포에서는 제법 큰 건물이 있었는데, 그 2층에는 전두환의 민정당사가 있었다. 시절이 시절이니만큼 항상 전경들이 상주하면서 삼엄하게 경계했다.

1987년 봄에 당시 수배 중이던 목포대 운동권 학생들이 화염병을 들고 습격했다가 모조리 구속되는 일이 있었다. 사실은 이른바 '정리투쟁'이었다.

1986년 목포대 앞 청계지서에 화염병이 날아들자 불을 끄던 10대 사환이 소화기 폭발로 사망하는 사건이 발생했다. 이 일로 당시 걸음마 단계였던 목포대 운동권이 경찰 수사로 초토화됐다. 이 사건으로 수배 중이던 운동권 지도부가 신병을 정리하려고 벌인 이벤트였다.

이 사건의 여파로 지도부를 구성하기 어려웠던 목포대 운동권은 이듬해 6월 시민항쟁을 맞이했다. 어려운 상황에서 문화패 활동을 하던 노형욱(목포대 84학번)이 투쟁위원장으로 큰 활약을 했다. 늦게나마 이 지면을 통해 그 노고에 위로를 보낸다.

1990년대 중반까지 민정당사, 노동부, 파출소 등이 대학생들의 화염병 공격을 받았는데, 경찰은 무기고에서 소총을 들고 나와서 위협사격을 하다가 귀가하던 서울대 대학원생이 유탄에 숨지는 비극도 있었다. 지금 생각해보면 격세지감이 아닐 수 없다. 공권력은 고문과 폭력진압으로, 시위대는 쇠파이프와 화염병으로 응수하던 테러의 시절이었다.

1990년에 현대중공업 파업사태 때 진압전경이었던 후배의 증언에 따르면, 돌 대신 새총으로 쏘는 너트가 가장 두려웠단다. 학생과 노동자, 경찰 모두가 비슷한 연배의 청년들이었다. 그런 친구들이 서로를 죽고 죽이며 살았던 참담한 시절이었다. 그 비싼 대가를 치렀지만 지금의 한국정치는 과연 그 대가에 응답할 자신이 있는지 모르것다.

4) 2호 · 3호 광장 이야기

/

2호 광장의 파란만장한 역사

국도 1호선은 목포에서 시작된다. 원래는 유달산 자락 근현대사
전시관(구 일본영사관)이 기점인디, 그 길을 따라가면 서울과 평양
을 거쳐 신의주로 나간다. 거기서 압록강을 건너 남만주를 지나면
베이징이 나오고, 더 서쪽으로 가면 실크로드로 나아갈 수 있을
것이다. 팔다리에 힘이 있을 때 오토바이를 타고 한반도를 종단하
고, 중국 대륙과 몽골 초원을 횡단해서 달리고 싶다. 그날을 위해
날마다 스쿼드와 버피를 거르지 않는다.

　무안에서 농민회 활동을 열심히 한 60대 중반 배 아무개 선배는
일찌기 몽골과 시베리아 부리아트 공화국에 살았던 적이 있다. 거
기에 살면서 설원에서 말도 타고 오토바이도 달리고 눈밭에 AK47
소총을 자동으로 갈겨보기도 했다던디, 강인하고 짱짱한 체력과
정신력이 있어서 가능한 일이었을 것이다. 군살이 없고 기골이 튼
튼한 강골이다. 부럽기 그지없다.

　국도 1호선은 목포 시내를 직선으로 관통하는 중앙로다. 2호 광
장은 지역 최대의 재래시장인 동부시장과 연결되는 사방이 툭 트
인 로터리다. 참고로 동부시장은 전남권 재래시장 중에서도 빠지
지 않는 곳이다. 대선 후보들이 목포에 오면 삼학도 김대중기념
관에서 가서 사진을 찍고 동부시장에 들러서는 오뎅을 먹고 간다.
이재명도 윤석열도 그랬다. 내 또래 정청래는 아예 동부시장 바닥
에서 춤까지 췄다. 그러면 목포 사람들에게 인증을 받을까? 지역

대학이나 산업현장에 찾아가서 청년과 노동자의 손을 잡는 후보
는 아직 보지 못했다.

근현대전시관
(구 일본영사관)

　2호와 3호 광장 모두 사람들이 모일 수 있는 구조는 아닌데도
불구하고 지금까지 두 번 군중들에게 점령됐다. 광장이 꽃 로터리
로 조성된 직후인 80년 5 · 18 때 2호 광장은 무장한 시민군들이
탄 버스 등 온갖 차량들이 점검과 보급을 하는 중간 기지였다. 그
광장에서 나는 난생 처음 총소리를 들었는데, 공중으로 쏘는 카빈
총에서는 '딱!' 하는 소리가 났다.

목포 5 · 18의 성지

당시 내가 다니던 교회에서는 그해 봄에 중고버스 한 대를 장만했
는데, 시민군이 타고 나가서 지붕에 LMG 기관총을 거치하고 다
니는 바람에 낭패를 봤다. 당시 목포에서 엔진이 달린 탈것들은 오
토바이부터 12톤 트럭, 시내버스까지 죄다 카빈총을 든 복면 시민
군들이 타고 다녔다. 더러는 광주로 지원을 떠났지만 시 외곽 중

등포에 매복 중인 공수부대에게 격퇴당했다. 끝까지 계엄군에게 저항했던 광주와는 달리 협상파가 우세했던 목포에서는 진압 전에 무기를 자진 회수했고, 금남로에서 최후의 전투가 벌어진 다음날 새벽에 보안사 특공대가 목포역에 있던 항쟁본부를 기습함으로써 무혈진압됐다. 기관단총처럼 개머리판을 빼서 손잡이를 붕대로 감은 카빈소총을 든 키 큰 청년이 시민들에게 동참을 호소하던 모습이 선연하다.

두 번째는 87년 6월이었는데, 부근 연동성당에서 사제들과 수녀들이 십자가를 들고 나와서 앞장서자 군중이 구름처럼 그 뒤를 따랐다. 경찰 진압부대가 최루탄을 난사했지만 진압은 이내 무력화됐다. 군중의 대다수는 청년들이었다. 박력과 열정, 희망이 넘치던 시대였다. 대한민국은 점차 늙어가는데 5060세대가 퇴장하고 나면 청년들의 시대가 다시 부활할지는 모르겠다.

외국인 노동자의 터전 3호 광장

이제 3호 광장의 절반은 외국인 노동자들의 구역이다. 우체국 뒷편은 중국인, 몽골인이, 홈플러스 부근 모텔촌에는 '스탄' 출신들이 이용하는 식당과 마트, 환전소가 몰려 있다. '달방' 잡기도 쉽고, 빈 집이 많아서 주인들이 싼 가격으로 사글세방을 내주기 때문이다.

몇 년 전 평범해 보이는 어느 호프집이 알고 봉께는 조선족 여자들끼리 동업하는 몬도가네식 술집이라는 소문이 파다했다. 몽골 여자가 하는 카페도 있었고. 3~4년 전에는 터미널 옆 단란주

점에서 베트남인 수십 명이 단체로 마약 파티를 하다가 완전무장
한 해경특공대에게 일망타진되기도 했다.

섬을 다니다 보면 읍내 다방 종업원들은 죄다 조선족 아줌마다.
비정규직과 일용직, 식당과 유흥업소 종사자 등 하층노동은 죄다
외국인이 주력이다. 가난한 내국인 청년들은 독립노동이라는 거
대 고용 플랫폼에 종속된 알바 노동자로 해체되고 있다. 고단가
숙련노동을 소수 전문가와 AI가, 단순노동은 외국인 노동자가 차
지하고 나면 내국인 개붕가들은 기본소득으로 살아가는 룸펜 프
롤레타리아트로 만족할 수 있을지도 모르겠다.

3호. 광장에서 만난 우즈베키스탄
노동자의 쌍둥이 자녀

격투기의 성지인 러시아 다게스탄
에서 온 청년

몇 년 전에 물류센터에서 '상차' 일을 했는데, 스탄 계열과 터키
출신과 함께 일했다. 한국말도 할 줄 알고 눈치가 빠른 외국인 노
동자 반장과 손매가 야무진 스무네 살짜리 한국 처녀가 눈이 맞았

다. 알고 보니 외국인은 고향에 마누라와 자식이 있는 넘이었고, 여자애는 한 다리 건너 지인의 자식이었다.

뻔히 알면서도 둘은 사귀었는데 아무래도 외국인 남자 놈이 어린 여자를 이용해서 국적도 얻고 정착하려는 게 아닌가 하는 합리적인 의심이 들었지만 진실은 알 수 없었다. 나중에 알게 된 여자애 엄마가 자리에 드러누웠다고 들었다. 한국 국적을 밑천삼아 하는 국제결혼이란 게 참 쉽지 않은 일이다. 말과 문화가 통해도 사달이 나는 판국인디….

서민형 다문화 국제학교가 필요하다

3호 광장 홈플러스에 가면 외국인 가족들을 자주 마주친다. 푸른 눈이거나 까무잡잡한 피부의 아이들이 엄마아빠보다 한국말, 그것도 전라도 사투리를 훨씬 잘하는 광경을 가끔 본다. 대부분 초등학생이거나 그 아래다. 목포에서 태어났거나 자라고 있을 것이다.

한국 출생이면 속지주의에 따라서 내국인이다. 다문화가족 아이들 돌봄 및 방과후 수업을 담당하는 지인에 따르면, 아이들의 기초학력 저하, 특히 언어구사 및 문해력에 문제가 심각하다고 한다. 이런 경향은 저소득 가정이거나 시골에 거주할수록 더 심하다고 한다. 부모가 모두 외국인일 경우에는 말할 것도 없다. 그렇게 경제적·문화적·교육적 환경이 열위에 놓인 아이들은 사회의 하층에서 출발할 수밖에 없다.

국제학교 하면 고급스러운 환경과 비싼 수업료를 떠올리는 경우가 보통이다. 그렇지만 원래는 한국과 다른 언어와 문화 배경을 지닌 아이들에게 맞춤형 교육환경을 제공해서 격차를 줄이는 것이 설립 목적인 것으로 알고 있다. 그렇다면 목포를 비롯해서 전남서남권 지역사회의 다문화 및 외국인 이주노동자 가정의 어린 자녀들이 직면한 불공정과 교육의 어려움을 완화하기 위해 서민형 공립국제학교(초중등 과정)를 설립해서 맞춤식 교육을 해보면 어떨까?

현재 목포 시내에는 학생보다 교직원 수가 더 많은 학교가 많아서 문제가 되고 있다고 한다. 이처럼 폐교 위기에 처한 학교 시설과 그 전문 인력을 활용한다면 목포권(영암, 신안, 무안, 해남, 진도 등) 다문화 및 외국인 아이들을 위한 국제학교를 만들어서 운영할 수 있지 않을까?

다문화 청소년은 대한민국의 동량으로 저출산 고령화 시대에 지역 사회를 짊어지고 나갈 인재로 성장할 것이다. 그 아이들이 3류 국민으로 전락하지 않도록 예방정책을 목포권에서 전국에서 처음으로 시작하면 안 되는가.

십수 년 전까지 3호 광장은 대학생들이 모이는 거리였지만, 지금은 상권은 쇠퇴하고 그 주인이 바뀌고 있다. 다문화와 외국인 이주노동자들이 등장하고 있다. 적극적인 정책대응으로 '개봉가' 외국인들의 게토나 슬럼이 아니라 글로벌한 활력이 넘치는 거리와 동네를 만들어보자.

누차 말하지만, 행정용어인 숫자 붙이기식 2호 3호 광장의 이름은 바꿔야 한다. 역사성을 고려해서 2호는 5 · 18광장으로, 3호는 부근에 있는 광주학생의거의 주역이며, 김대중과 수많은 한국

금융계 인사들을 배출한 유서 깊은 목상고(목포상고)를 기념한 목상광장이나 혹은 그 목상고 출신 법정스님을 기념한 무소유광장으로 개칭할 것을 주장한다. 스스로 역사성을 소중히 여기는 향토만이 타 지역에게도 인정받는 법이 아니겠는가.

6
근현대사 거리
–만호동·유달동·앞선창

1) 만호동 · 유달동

물방위

만호동은 세대 수가 1만 호라는 뜻이 아니라 조선시대 종4품 수군 만호직에서 유래한 지명이다. 유난히 우뚝 솟아 있는 바위 언덕 위로 해군 연대급인 만호진이 있었다. 그 옆의 금화동과 수강동 등 선창으로 연결되는데, 만호진에 오르면 항구와 삼학도가 한눈에 보인다. 감제고지(瞰制高地), 즉 적의 활동을 살피고 통제하기 유리하도록 주변을 내려다볼 수 있는 높은 지대에 있는 군사적 요충지다.

현재는 바다 건너편에 해군 제3함대 사령부가 있다. 줄여서 '해역사'라고 하는데, 예전에는 방위병들이 많았다. 일명 "물방위"라는 멸칭으로 불렀는데, 뭔가 좀 허술하고 변변치 못한 청년 이미

지었다.

　학벌 좋은 멀쩡한 청년도 해역사 물방위라면 좀 어수룩하고 허접해 보였다. 아침마다 부둣가에서 '에무'(M)이라는 단정을 타고 출근했다. 퇴근 후에는 목포 시내 곳곳에서 술판을 벌이기도 했다. 시 외곽 무안에 있는 육군 연대 소속과 함께 목포는 방위병들이 많았다. 신안과 무안군이 포함된 해안, 즉 경계취약지역이어서 경계근무를 주된 임무로 하는 방위병 입대자가 많았기 때문이다. 이런 방위병 중에는 대학생이 많아서 상대적으로 학벌이 높은 편이었다.

만호동 소견
(허림, 종이에 채색, 1940)

　당시 내가 속해 있던 노동단체 사무실도 만호동에 있었다. 원래 양장점을 하던 곳이었는데, 큰길가 1층이어서 외부 시선을 차단하기 위해 선팅을 했다. 그리고 대형 유리창에 당시 유행하던 '구호 외치는 노동자'의 실루엣을 새겨놓았다. 당연히 '노동해방쟁취!'라고 크게 써놓았고. 틈만 나면 대자보나 구호도 크게 써서 붙여놓았다.

나름의 이 '선전전'이 생각지 못한 엉뚱한 사건으로 번지는 일도 있었다. 하루는 대낮에 누군가 대자보를 뜯고 도망가길래 쫓아가보니 경찰들이었다. 너무 화가 나서 그들이 타고 온 엑셀 승용차에 올라타서 날뛰었더니 보닛이 주저앉아버렸다. 대자보를 찢은 만행과 '퉁'쳐서 뒤탈은 없었다. 알고 보니 사무실 앞이 목포경찰서장 출근길이었는데, 우리 선전물에 비위가 상한 서장의 지시로 그런 '불법'을 자행했다고 한다.

운동권 물을 먹은 아는 방위병들도 우리 사무실에 드나들었다. 그러다 나중에 몽땅 보안대 지하실로 잡혀가서 디지게 맞았을 뿐아니라 몇몇은 구속돼서 군사재판을 받기도 했다. 보안대 상사가권총을 꺼내서 나와의 관계를 실토하라고 강압하기도 했다고 한다. 나한테 물어보면 순순히 일러줬을 텐데. 무슨 관계냐고? 당연히 좋은 관계지!

목포 최고의 부자 동네

유달동은 원래 목포 최고 부자들이 사는 동네였다. 향토기업 오너들이 모여 살았는데, 일제 때부터 일본인 관리와 상인들의 거류지였다. 5·18 전까지는 경찰서와 우체국, 도서관, 법원, 검찰청 등이 모여 있던 오피스타운이기도 했다.

유달산 노적봉 아래를 방벽처럼 두르고 있는데, 낙석과 잡초 제거 작업하러 간 적이 있다. 로프를 감고 3~40미터의 암벽을 타고내려가면서 낫질을 했다. 나는 조수로서 암벽 위 나무에 로프를감고 당기면서 하강을 조정했다. 지금처럼 안전벨트나 완강 장치 같은 것도 없는 시절이었다. 작업이 끝나고 동네 주민들에게 돼지고기와 소주 대병, 금일봉을 받았는데 막상 부잣집에서는 코빼기도 내다보지 않았다.

그때 암벽 위에서 내려다본 유달동은 작은 골목까지 일본식 목재가옥들이 바둑판처럼 오와 열을 맞춰서 정리돼 있었다. 회장들의 저택 사이에 안테나가 달린 보안대 건물이 있었고, 그 직선 방향으로 보면 '안기부'(국정원) 건물(현재 해관 1897건물)도 보였다. 모두 간판이 없었다. 그 중심에는 역시 성옥 이훈동 저택이 있다. 정원이 아름답고 수목이 좋기로 소문난 곳이다. 지금은 '성옥전시관'으로 시민들에게 무료 개방하고 있다.

이훈동 정원

이 구역은 일제시대에 지은 관공서 건물들이 많다. 2~3층 석조나 붉은 벽돌로 튼튼하게 지었는데, 모두 공공문화 전시시설로 활용하고 있다. 이곳에는 유독 바위동굴이 많다. 일제가 일본인 거주 지역에 파둔 방공호다. 그래서 유달동에 가면 동굴카페도 있고 그렇다.

일제 때 소방서였던 석조건물의 2층을 사무실로 쓴 적이 있었는데, 크기에 비해서 천정이 높았다. 현재 초원호텔 자리다. 지은 지가 70년이 됐는데도 정말 견고했다. 유달동과 만호동에서 4년 동안 노동단체 사무실을 열었다. 우리 아래쪽 창성장 바로 옆 건물에는 청년단체가 세 들어 있었다. 그리고 오거리 쪽으로 커브를 돌면 문화패 갯돌도 있었다. 혁명운동을 한답시고 겉멋과 '어깨뽕'이 '이빠이' 들어가 있을 때였다.

2) 앞선창

/

제유노조 파업

갑자옥 모자점을 지나 선창 쪽으로 내려가면 신안군 수협이 나온다. 바로 그곳이 일제 때 제유공장 자리였단다. 국사 교과서에도 나오는 목포제유노조 파업 현장이다. 제유에서 기름은 석유가 아니라 목포와 영암 특산물인 면화로 만든 면실유이며 일제 때 목포 제유는 조선 최대의 제유기업이었다.

1926년 초 발발한 제유노조 파업은 일본인의 절반에 불과한 임금을 인상하라는 것과 1일 12시간 노동시간을 단축하라는 요구를 내걸고 시작됐다. 목포 시민을 비롯한 전 국민의 지원 속에서 90일을 버텼다. 일제하 최대 노동사건인 원산총파업(1929)보다 길었다.

일제하 목포는 공업도시이기도 했다. 일본에 본사를 둔 조선면

화주식회사와 조선제유회사 등 계열사들이 즐비했다. 당시 면직물은 일본의 주력 수출품이었고, 그 재료인 육지면은 목포 고하도에서 재배되었다. 제유노조 파업은 당시 욱일승천하던 목포 지역 사회운동과 민족운동을 상징했다. '전위동맹'이라는 사회주의 계열 연합조직의 지도 아래 치열하게 전개됐지만 일제경찰과 일본인 자본가들의 집요한 탄압과 분열공작에 끝내 무너지고 말았다. 180여 노조원을 비롯한 다수의 운동가가 구속됐다.

1930년대
목포 조면공장

　그중 가장 중형을 선고받은 이는 박제민인데, 저명한 여류문인 박화성의 오빠였다. 백성을 구제한다는 뜻인 제민(濟民)이라는 이름의 이 사나이는 일본 와세다 대학 경제학부 출신으로, 고향 목포에서 김철진, 배치문, 오도근 등과 사회주의 계열 민족운동과 노동운동을 펼쳤던 핵심 인물이었다. 박화성이 인생에서 가장 크게 영향을 받은 멘토였는데, 옥중에서 병을 얻어서 해방 전에 병사했다.

　1920년대 이후 목포에서 청년단체와 노동운동, 농민조합, 소작쟁의, 신간회 같은 조직과 운동에 적극 관여한 청년들은 대부분 조선공산당에 가입했다. 다행히 해방되기 전에 사망한 사람들은 독립유공자가 되는 경우가 많았으나, 해방공간이나 6·25 때 좌익 활동을 한 사람들은 안타깝게도 독립운동 경력조차 인정받지 못했다. 안타까운 일이 아닐 수 없다.

목포에는 제유공 파업과 일제하 항일반제노동운동을 기념하고 안내하는 기념물이 없다. 민주노총이나 시민단체, 진보정당은 위안부나 징용공 동상 참배에 정성을 들이면서 정작 자신들의 대선배의 역사를 조명하는 데는 관심이 없는 것 같다.

건맥축제에 초대합니다

'건맥'은 건어물+맥주를 말한다. 만호동에서 선창 쪽으로 가는 건어물거리에서 매주 토요일 오후에 노상 맥주파티와 공연이 펼쳐진다. 6월부터 8월까지 열리는데, 주민 200명이 만든 '건맥협동조합'이 2021년부터 운영하고 있다. 참가비 1만 원을 내면 생맥주는 무한리필이고, 안주는 부근 건어물 가게에서 사거나 개인이 가져와도 된다. 네댓 번 가봤는데, 사차선 도로 위 맥주난장과 함께 노래와 댄스, 연주가 흥겹게 이어지고 행운권 추첨 같은 이벤트도 있다. 매주 색다른 퍼포먼스를 준비하는 게 쉽지 않을 텐데, 갈 때마다 재미있다는 느낌을 받았다.

맥주파티이니만큼 프리미엄 요금을 받더라도 좀 다양한 종류의 맥주를 준비하면 좋겠다는 생각이 들었다. 국내 맥주는 당연하고 수입 맥주나 지역의 수제맥주 같은 걸 준비해서 손님들의 기호에 맞추도록 해야 한다. 건어물 안주도 업그레이드 시키면 좋겠다. '안주빨'을 세우게 해야 매상이 오르지 않겠는가. 가장 불편한 점은 화장실이다. 건맥 호프집이나 한 거리를 지나 만호동 사무소로 가야 하는데 여간 불편한 게 아니다. 특히 여성들은 꽤 곤란할 것이다. 그런 이유로 얼른 자리를 떠나는 경우도 봤는데, 대책을 세워야 한다. 모름지기 모든 술판은 여성이 주도해야 흥하는 법이다.

수제맥줏집 신형당

　그 옆 거리에 신형당이라는 수제맥줏집이 있는디, 분위기가 제법 괜찮다. 그 바로 도로 옆에 깔끔하고 멋있는 일본식 2층 저택이 있다. 마을협동조합에서 사무실과 교육장으로 쓰고 있는데, 누구에게나 개방하고 있다. 전형적인 목조건물과 작은 정원이 예쁘다. 언뜻 영화 〈킬빌〉에 나오는 다다미방 나이트클럽 분위기도 난다. 잔디와 돌담이 깔린 정원에서 '니뽄도'를 들고 일기토를 벌이면 자세가 나올 것 같다. 살아본 사람들은 알겠지만 일본식 목조가옥은 여름에 정말 시원하다. 다만 겨울엔 좀 춥다. 시내 쪽으로 올라가면 오거리와 목포역이다.

반대로 바다 쪽으로 가면 동명동 '홍어의 거리'가 나온다. 대한민국 모든 홍어는 모두 여기에 있다. 필요한 양만큼 손질해서 즉석 포장해준다. 전용 초장을 잊지 말고 반드시 챙겨야 한다. 말린 홍어나 가오리, 간재미도 판다. 여기에서 홍어장사로 자리를 잡은 친구들이 꽤 있다. 시내권 주문은 장례식장이 많다. 전라도 장례식장은 들어가는 순간 꼬릿한 홍어냄새와 향냄새가 섞여난다.

목포 야행축제 답사기

손에 손 잡고 축제의 거리로

10월 중순에 목포 근현대사거리에서는 사흘간 야행축제를 한다. 차를 막고 거리를 꾸미고 곳곳에서 공연과 이벤트가 펼쳐진다. 모던타임스 in 목포. 아쉽게도 근대는 제국의 침탈과 함께 목포에 상륙했다. 그렇게 목포는 식민도시가 되었다. 일본이 받아들인 서구의 사상과 제도가 식민지로 이식되있디.

인력거꾼이 '도리구찌'를 쓰고 각반을 친 일본 신사 복장처럼 거리 퍼포먼스에 참여한 시민들의 차림도 목포의 전성기였던 1930년대 '혼마치' 스타일이다. 경동성당 옆에 세워진 갈비뼈 앙상한 징용공 동상은 식민의 거리에 대한 알리바이 같다. 진작에 카페가 된 일제의 시립병원과 관사, 적산가옥의 정원에서 사람들이 커피를 마신다. 경성 모던스타일이다. 근현대사 거리는 일제시대 일본인 거주지역이었다. 개항 직후부터 바둑판처럼 개발된 계획 도심이었다. 그곳은 '리틀 재팬'이었다. 여기는 그래도 1천억 원의 예산이 투입되어 부활의 몸짓을 하고 있지만, 유달산 자락에 자리 잡았던 조선인 거주지역은 지금도 여전히 쇠락한 달동네로 남아 있다.

동양척식회사 목포지사 건물은 근현대사박물관인데, 그 마당에서는 가끔씩 재즈와 판소리 공연을 하고 있다. 야행축제의 메인무대인 셈이다. 관객들이 꽉 들어찼는데 드물게 외국 여성도 있다. 관광 온 외지 손님도 많지만 아이들과 함께 나온 시민이 많아서 보기 좋다. 부모님의 손을 잡고 온 아이들에게 오늘 야행은 평생의 기억일 수도 있다.

우리 베이비붐 세대의 아이들은 어린 시절에 천덕꾸러기 취급을 받았다. 콩나물시루의 콩나물처럼 차고 넘치는 바람에 골목과 들판, 산, 갯가에 방목되었다. 학교, 군대, 공장에서도 득시글했다. 덕분에 산업화도 민주화도 노조

도 머릿수로 밀어붙일 수 있었다. 세상에 물량과 쪽수를
이길 수 있는 것은 없다. 양질의 전화법칙이 별게 아니다.

건맥축제 모습

축제 콘텐츠를 풍부하게 만들어보자

축제의 거리는 흥청거렸지만 무대에 조명이 꺼지면 순식
간에 썰렁해졌다. 주변에 축제 인프라가 튼실하지 못하기
때문일 것이다. 큰길 옆 공터에 미식 먹거리 마당에 청소
년들이 줄을 서 있다. 전국 어디 축제장에 가면 볼 수 있
는 닭꼬치, 슬러시, 어묵, 튀김 같은 군것질거리를 팔고 있
다. 지역의 특성과 향토색 있는 먹을거리는 다 어디로 갔
는가. 정히 없으면 코롬방이나 CLB제과점에서 부스를 내
든지, 아니면 회판 코너라도 있으면 좋으련만.

사실 그런 먹을거리를 개발하는 게 쉽지는 않다는 걸 알
고 있다. 특히 먹을거리는 기호나 취향이 있어 더 그렇다.

지자체 담당자들의 고민을 모르는 바도 아니다. 그렇지만 그런 노력을 기울여야 한다. 그래야 뭐라도 나온다. 시행착오가 있을 수 있겠지만 그런 실패를 두려워해서는 안 된다.

축제는 행인들을 좌판이나 목로에 앉혀야 한다. 목포 야행축제에는 앉을 곳이 없다. 그냥 보고 지나가면 채 한 시간도 안 걸린다. 앉혀야 한다. 경유하는 관광은 지속가능성이 낮다.

평소 해가 지면 근현대사 거리는 인적이 드물어진다. 1년 중 사흘간 야행축제가 이뤄진다. 반쪽짜리가 아닐 수 없다. 이 구역에 불을 밝혀야 한다. 시민들이 산책하고 밤마실을 나올 수 있게 유도하고 판떼기를 깔아서 밤문화를 만들어야 한다. 상설 콘서트장을 만들거나 근현대사 전시관 마당을 개방해서 주 1~2회 하우스 콘서트나 버스킹을 기획하는 것도 방법일 것이다. 작은 축제의 광장이 있는 도시. 산책과 야행이 즐거운 도시를 상설화하자!

근현대사 전시 제2관(구 동양척식회사)에서 열린 재즈 콘서트

II

<h1 style="text-align:center">7</h1>

<h1 style="text-align:center">목포 9味
-이거 한번 먹어보쇼잉</h1>

맛의 도시 목포

목포는 음식 인심이 후한 도시다. 인근 다도해에서 온갖 신선한 수산물과 해조류가 집산되고, 객지 사람들이 오가는 길목이다 보니 요식업과 음식문화가 발달했기 때문이다.

배추는 해남에서, 마늘이나 양파 같은 양념류는 무안에서, 대파는 진도, 시금치는 신안 비금도에서 매일 올라온다. 육고기는 인근 일로와 영암에서 오는 등 신선한 로컬 식재료들이 산지 직송된다. 특히 새우젓이나 창젓 같은 온갖 생선젓갈이 풍부해서 양념이 발달하였고, 홍어 같은 발효음식의 전통이 있기 때문에 목포권 음식은 맛이 진하고 깊다. 갯벌로 둘러싸인 덕분인지 대중음악으로 빗대면 흑인들의 소울이나 블루스 같다고 할까.

전남 동부의 항구도시인 여수시와 비교하면 조개류는 뒤지지만 해조류는 앞선다. 생선 중 에이스는 먹갈치, 병어, 민어, 낙지 등

이다. 게다가 목포식당들은 기본반찬을 풍부하게 제공하는 편이
다. 요즘에는 많이 퇴색했다는 이야기도 들리지만 그래도 목포만
한 데가 없다. 도시 규모가 적당해서 익명성이 통하기 어려운 공
간적 환경도 한몫한다고 할 수 있다. 음식점들이 평판과 입소문에
민감할 수밖에 없는 것이다.

고유한 다양성을 찾아야

그런디 솔까, 맛은 아직까지 괜찮고 다양한 편이지만 갈수록 양이
줄어들고 값은 비싸진다. 좀 소문이 난다 싶으면 병이 도지는 것이
다. 퀄리티를 관리하고 상도 싸가지를 지키지 않으면 폭망은 순간
인디 말이다. 게다가 프랜차이즈 식당이 늘어나면서 수도권 스타
일이 늘어난 원인도 있다. M-푸드의 지속적인 개발이 절실하다.
지자체가 나서서 '남도셰프학교'라도 만들어보면 어떨까 싶다. 다
른 건 몰라도 입맛이라도 지켜야 하지 않을까. 남도국제음식박람
회 같은 허장성세 이벤트에 헛돈 쓰지 말고. 로컬의 내공이 짱짱
해야 인터내셔널도 가능한 법이다.

　고백할 사실은 솔까 요즘 목포 음식이 예전 같지 않은 경우가
많다. 일단 양이 줄었다. 가격은 올라서 가성비가 낮아졌다. 박리
다매 식문화가 퇴조하고 있다. 다행히도 맛은 아직까지 여전한 편
이지만 식당마다 갖고 있는 고유한 나양성은 줄어들었다. 전통은
서서히 옅어지는데 퓨전은 아직 등장하지 않고 있는 형국이다. 음
식문화도 젊어져야 한다.

　나는 입맛이 전라도스럽지 않다. 그래서 서울을 비롯한 객지 음

식에도 잘 적응했다. 애기들 입맛에 가깝고, 질보다는 양과 청결을 따지는 편이다 보니 깔깔함보다는 싱거움을, 진한 맛보다는 담백함을 좋아한다. 한마디로 입맛이 짧고 가리는 게 많다. 이런 주관성에 터 잡아서 묵을 만한 목포의 음식들을 추천해본다. 순전히 내 입맛대로다.

1) 회판(회무침)

/

회판을 본격적으로 접한 것은 공장생활을 하면서부터다. 공장 사람들은 유독 회판에 냉막걸리를 즐겼다. 막걸리를 콜라와 2:1 또는 3:1 칵테일 하면 회판과 황금궁합이다.

간재미 회판과 운저리(망둥어) 회판이 가장 흔했다. 병어도 흔했지만, 주로 사시미로 썰어 묵었다. 특히 운저리(혹은 문절이)는 가장 서민적인 생선이었다.

운저리는 해변에 가서 낚시만 던지면 물었다. 심지어는 미끼도 안 낀 맨 낚싯바늘 양쪽에 두 마리씩 올라오기도 했다. 오죽하면 바보멍청이에게 "운저리 아이큐"라고 했겠는가. 삼학도에 있던 호남제분 뒤편이나 뒷개에 가면 '바께쓰'로 하나 가득 잡아오곤 했다. 비위가 좋은 사람들은 칼질도 하지 않고 머리와 내장만 훑어내고 초장에 찍어서 우적우적 씹어 묵었지만 나는 차마 그러지는 못했다.

그런데 갯가 바닷물이 갈수록 오염되고 분뇨처리장이 생기는

등 식용으로 부적절해지면서 인기가 식어부럿다. 다행히 2000년
대 들어서 내항이 정비되면서부터 바닷물이 놀랄 만큼 깨끗해지
자 운저리도 건강한 먹거리로 돌아왔다.

너희가 회판을 아느냐!

운저리회는 깻잎에 싸서 참기름에 찍어먹으면 고소하고 특유의 씹
는 맛이 난다. 칼집을 많이 내서 다지듯 하면 훨씬 부드러워진다.
회판의 풍미는 매콤달콤한 양념과 신선한 야채의 조합에서 나온
다. 이때 갖은 양념은 싱싱한 생선회의 숨을 죽여서 숙성시켜줘야
지 그 본래 육질을 은폐하는 악역을 해서는 안 된다. 식초의 비율
을 조절하는 게 관건이다.

낙지배추회판

간재미회판

간재미와 홍어는 역시 약간만 삭힌 채로 회무침하는 게 좋다. 가을 별미 전어회판은 잔가시를 어떻게 잘 손질하는지가 포인트다. 뼈를 통째 씹어 먹는 게 제맛이지만 가시를 싫어하는 사람들도 있기 때문이다. 큰대(大)자 회판에는 손바닥만한 전어 네 마리 정도는 썰어 넣어야 쓸 만하다. 회판의 디테일은 국물이다. 국물에는 육수와 양념 야채의 맛이 함께 우러나야 한다. 그래야 밥이나 국수를 비비면 '이찌방' 후식이 될 수 있다.

외지인들이 목포에서 가장 많이 찾는 회판은 역시 낙지회무침이 으뜸이다. 이때 쓰는 낙지는 세발낙지가 아니라 대낙지다. 주낙(연승)배에서 잡은 낙지도 좋지만 역시 뻘낙지가 베스트다. 살짝 데친 낙지를 배추와 된장양념에 무쳐서 내온다. 다른 회판에 비해서 마일드한 맛이라서 무난하고 대중적이다. 당연히 가격은 가장 비싸다.

목포에서만 맛볼 수 있당께

내 맘대로 꼽은 목포의 9미(味) 중 하나로 회판 문화를 골랐는데, 아마 이 말을 아는 사람이 많지 않을 것이다. 목포를 비롯한 전남 서남권에서 생선회무침을 회판이라고 한다. 아마 사전에도 나오지 않는 말일 것이다. 40대 중반 이상이 주로 쓰는 말이다. 회판은 사실 목포만의 향토음식이 아니다. 서울에서도 회무침은 먹을 수 있지만, 목포의 회판은 다양하고 나름 전문성이 있다. 아무래도 신선한 해산물 식재료를 얻기 쉽고 남도식 양념 젓갈문화 때문일 것이다. 회판과 회(초)무침의 차이는 걸쭉함 또는 좀 더 진한 맛인 듯싶다. 회판은 무치는 과정에서 국물이 나오는 경우가 많다. 어떤 곳은 묵은지나 겉저리 혹은 생지와 버무리기도 한다. 다른 지방과 다른 대목이다.

회판의 정확한 유래는 알 수 없지만 아마 신안이나 진도 같은 섬 지방에서 시작된 음식문화이거나 홍어가 목포의 대표음식으로 자리 잡는 과정에서 홍어-간재미-가오리 등 사촌 간 패밀리들을 무쳐먹는 데서 본격적으로 퍼져나가지 않았을까 추측해본다.

나주나 영산포 쪽 내륙지방에서도 회판을 먹는데, 그 지방이 홍어의 발상지이기 때문이다. 물론 여수에 가도 운저리회판 등을 즐길 수 있지만 목포만큼 다양하지는 않은 듯하다.

회판은 광어, 우럭, 농어, 돔 같은 활어회로는 하지 않는다. 병어나 준치 같은 선어회로 즐긴다. 육질을 좀 다스려야 양념이 배어들고 맛이 우러나기 때문일 것이다. 식초, 초고추장, 간장, 설탕 등 갖은 양념과 미나리, 파, 양파 등 갖가지 야채로 버무리면 국물이 생선으로 스며들어 맛도 좋아지고 고기가 쉽게 상하지 않는다. 목포식 회판은 혀끝에서 남도 특유의 걸쭉하고 찐득함이 배어나오는데, 양념은 진하고 생선은 부드럽다.

중앙시장 회골목

관광객들에게 널리 알려진 회판은 준치회비빔밥이다. 그 원조 격이 목포 대반동 바닷가에 있는 선경식당인데, 허름한 선술집 분위기에서 출발했지만 관광지로 뜨면서 대기표를 타는 명소가 됐다. 사실 나무 의자에 앉아서 후다닥 먹던 그때가 훨씬 싸고 맛있고 푸짐했다. 구도심에 있는 유명한 독천식당의 낙지비빔밥도 있지만 맛은 변치 않았는데 양이 너무 줄어서 아쉽다. 예전에 자주 갔지만 요즘은 잘 가지 않는다. 양을 중시하기 때문이다.

그러나 회판은 원래 술안주용이고 준치나 병어보다는 홍어 브라더스와 운저리를 주재료로 삼았다는 게 내 주장이다. 낙지배추 회무침은 비교적 최근에 유행한 메뉴다. 홍어에 비호감인 사람들도 홍어회판은 흔쾌히 즐길 수 있을 것이다. 술꾼들은 막걸리와 소주 안주로, 비음주파는 반찬, 특히 회비빔밥이나 회판비빔국수, 회판비빔냉면으로 즐길 수 있다. 회판은 목포지역 식당 어디서나 즐길 수 있지만, 특히 중앙시장 횟집골목이나 북항 신안비치 아파트 맞은편 실내포차에 가면 계절 생선으로 만든 신선한 회판요리가 나온다. 나는 뒷개 공공도서관 부근에 있는 '신안선도 뻘낙지 식당'을 가끔 간다. 저녁시간에만 문을 연다.

한 가지 덧붙이면, 맛의 도시로 관광산업 부흥에 승부를 거는 목포시는 정작 도시의 맛 브랜드 개발과 홍보에 좀 게으르다는 생각이 든다. 전통적인 회판과 백반문화에 집중해서 가성비 뛰어난 맛의 거리를 조성해보면 어떨까. 말하자면 목포 회판을 전국 브랜드로 키워보자는 말이다. 전국의 식도락가들이 목포로 몰려올 것이다. 구미가 당기지 않는가.

2) 갈치

/

대한민국 최고의 갈치는 목포 먹갈치다. 제주도 근해에서 주로 잡히는 은갈치와 비교되는데 보기는 은갈치가 화려하지만 맛에서는 먹갈치를 따를 수 없다. 먹갈치는 튀튀한 은빛비늘에 검은색 먹줄이 나있다.

갈치는 9월부터 12월까지 동중국해에서 많이 잡힌다. 가을과 겨울에 목포수협 어판장에 가면 먹갈치 '하꼬'로 가득 찬다. 어판장에서 일할 때 새벽 경매를 마치고 동료들과 늦은 아침을 '갈치지짐'으로 먹으면 고봉밥을 두 그릇씩 잡아댕겼다. 중갈치 이상은 지져먹거나 구워먹고, 소갈치는 말려서 조림을 해묵는다. 풀치는 트럭에 실어서 어묵공장으로 간다.

갈치조림

원래 갈치는 대표적인 서민생선이었으나 어획고 감소현상으로 갈수록 비싸졌다. 다행히도 2023~24년에는 이례적인 풍어가 들어서 겨울 내내 갈치를 실컷 먹을 수 있었다. 9월부터 목포 하당

신도심 앞바다에서 은갈치떼를 만날 수 있다. 이 시기부터는 갈치 낚시 시즌이다. 낚싯배들이 바닷가에서 집어등을 켜면 장관이 연출된다. 은갈치는 광선검처럼 번쩍거린다. 막 잡아올리면 갑판에서 회를 쳐서 먹기도 한다.

3) 민어

/

민어는 조선시대 한양 사대부들이 즐겨 찾았다는 대표적인 여름 보양식이다. 그런데 내 입맛에는 솔까 육질이 별로인 것 같다. 뭉텅거려서 광어나 농어, 돔과는 씹는 맛이 다르다. 게다가 비싼 생선이라서 자주 먹을 수가 없다.

민어는 주로 신안군 임자도 부근에서 많이 잡히는데, 신안에 사는 한 친구는 몇 년 전에 바지선으로 민어 대박을 터트렸다. 한 달 만에 6천만 원을 벌었단다. 친구 말로는 진짜 대자 A급은 중국인이나 서울 사람이 사갔다는데, 진정한 보양식은 민어회가 아니고 그 뼈를 푹 고은 사골국물이란다.

목포 구도심에 '민어의 거리'가 있는데, 그 거리의 원조집은 '영란횟집'이다. 거의 40년 전부터 성업했다고 하는데, 당시 목포경찰서 정보과와 대공과 담당 형사들이 만나기만 하면 그 집으로 데려가는 바람에 자주 들락거렸다. 젊은 아가씨가 사장이었는데 지금은 할매가 됐것다.

정작 목포 사람들은 소문난 민어의 거리보다는 하당신도심이나 북항 쪽으로 가는 편이다. 하당에 있는 풍어관과 옥정회관이 유명하고, 목포중앙우체국 옆 골목의 용당골도 괜찮다. 중앙초등학교 후문 건너편 달빛선어횟집도 민어전문점이다. 그런디, 예약을 해야 한다. 4인 기준 15만 원짜리 한 상을 시키면 각종 생선회와 화려한 밑반찬으로 상이 여러 번 바뀐다.

목포에는 9~15만 원 선의 준한정식 식당들이 많다. 북항보건소 사거리에 해원횟집이라는 조그만 식당도 전통의 맛집이다. 밑반찬으로 어죽과 깡다리튀김이 나왔다. 내가 경험한 최고의 민어집은 산정동 종원 나이스빌 상가에 있던 골목횟집이었는데, 사장님이 돌아가시는 바람에 문을 닫았다.

민어회

4) 낙지

/

접대 인심

노동운동의 최고 난도는 복직투쟁이다. 1993년도인가 목포해고노동자복직투쟁위원회를 만들어서 버스터미널 앞 공단입구 공터에서 텐트를 치고 한 달 동안 노숙 농성을 했다. 나는 이미 6년차 해고자였는데 암튼 최고참이라는 이유로 대표를 맡았다. 덕분에 세 번째로 징역에 갈 뻔했는데 용케 빠져나갔다.

그 시절에 서울의 전국해고자위원회에서 대표단이 응원차 목포에 왔었다. 접대할 돈이 없어서 쩔쩔매자 택시노조 선배들이 선창에 가서 큰 고무 '다라이'에 세발낙지 다섯 접(한 접에 20마리니 모두 100마리)을 외상으로 사왔다. 에어컨도 없는 사회단체 사무실에서 해고자 대여섯 명이 '난닝구'만 입고 둘러앉아서 소주 댓 병에 산낙지를 손으로 훑어서 배불리 먹고 대취했다. 그때 어설프게 낙지를 뜯어묵던 기아차 해고자는 얼마 후에 민주노총 위원장이 됐고, 나중에는 그 유명한 통진당 난투극 사건에서 난닝구까지 찢긴 채 끌려나가는 모습이 텔레비전에 나왔다. 그 냥반은 나에게는 난닝구 입은 모습으로만 기억난다.

갯벌에서 나는 인삼

낙지의 본고장은 역시 목포다. 우리 토박이들은 오로지 산낙지파이고 낙지볶음은 쳐주지 않는다. 손으로 잡아서 대충 훑어서 대가리부터 야무지게 씹어 먹으면 쌉쌀한 먹통이 터지면서 꼬물거리는 다리의 육질과 통섭된다. 낙지를 훑을 때 너무 훑으면 손독이 올라서 낙지가 흐물거려지고 안 훑으면 낙지의 기가 너무 세서 입 천장에 달라붙는다. 익숙지 않은 사람들은 나무젓가락에 대가리 아래를 끼워서 감아먹기도 한다.

대가리와 다리를 분리해서 반쯤죽인 기절낙지도 있고, 낙지호

롱이도 있다. 꼬치구이처럼 나무막대기에 세발낙지를 감아서 양념을 발라 살짝 구운 호롱이는 원래 제사상에 오르는 귀한 음식이다. 진짜 뻘낙지는 살이 연하고 힘이 세다. 빨판의 흡인력이 장난이 아니어서 코로 들어간다. 주낙으로 잡힌 놈보다는 덩치가 작은 편이다. 만약에 흐물거리거나 붉은색을 띄면 뻘낙지가 아닐 것이다.

속풀이로는 낙지연포탕이다. 낙지 '대그빡'을 잘라서 국물을 끓인다. 낙지죽을 쒀도 먹을 만하다. 해장에도 좋을 뿐 아니라 소화가 잘 되는데다 타우린도 많아서 환자 보양식으로 제격이다.

뻘낙지(북항수협 활어위판장)
낙지는 목포가 제일이다.

1990년대 중반에 목포권 유일의 종합병원이었던 성골롬반 병원에 노조를 만드는 데 좀 거든 적이 있었다. 목포시청에서 대판 싸우는 등 우여곡절 끝에 설립필증이 나오자 간호사인 위원장이 목포에서 가장 유명한 낙지 요릿집이었던 호산회관에서 밥을 샀다. 그런데 연포탕이 너무 희멀건 해서 우리가 사무실에서 끓여먹던 것보다 맛이 덜했던 기억이 난다.

원조 뻘낙지와 세발낙지는 영산강 하구 갯벌인 영암 독천에서 잡은 낙지다. 그런데 1981년에 매립돼 하구둑이 만들어지면서 갯벌도 사라져버렸다. 그런데도 목포와 영암의 유명한 낙지식당 중에는 독천식당들이 있다. 독천에서는 낙지가 나지 않은 지 오래다. 지금 목포에서 파는 낙지는 무안과 신안에서 잡은 것들이다. 강진만에서도 낙지를 잡지만.

뻘낙지는 날이 궂으면 뻘밭에 나갈 수 없기 때문에 비싸진다. 요즘은 목포에 사는 4050들이 낙지를 잡으러 섬으로 가는데, 그 섬의 어촌계에 가입돼 있어야 한다. 연승주낙배는 대부분 2톤 안팎인데 지역마다 조업의 형태가 다르다. 물살과 지형이 다르기 때문이다. 주 엔진은 선외기 200마력 이하인데, 조업 중에는 20~50마력짜리 보조엔진을 튼다. 속도를 줄이기 위해서다. 어민들에 따르면 경쟁이 치열한 나머지 서로 불법조업으로 신고하거나 뱃자리 다툼 끝에 심하면 정박로프를 몰래 풀어서 배를 표류시켜버린단다.

동무들 중에 낙지마니아들이 많아서 따라 다녀본 경험상 낙지 전문 식당은 아무래도 구도심 남진네 집 부근 독천식당(낙지비빔밥 초무침)과 하당 교육청 뒤편 송학식당(낙지전이 독특)이 잘 알려져 있다. 독천식당은 좀 비싸고 송학식당은 맛이 안정적이다.

알코올 해결사인 낙지물회를 제대로 먹으려면 무안 청계면 구로리 포구에 있는 이장님 직영 식당으로 가면 된다. 아나고 요리도 곁들이면 좋다. 4인 분은 된다. 우리들은 평화광장 부근의 실내포차를 애용했다. 아부지가 낙지 잡고 딸이 파는…. 사실 가성비와 퀼리티를 모두 만족할 만한 낙지전문점을 추천하기는 어렵다. 중앙시장이나 신청호시장, 자유시장통으로 가면 선택의 폭도 넓고 대략 만족할 만한 곳이 있을 것이다.

5) 소낙탕탕이

/

이제는 전국적으로 알려진 술안주 탕탕이는 산낙지와 소고기 생고기를 도마에서 탕탕거리며 잘게 '조사불어서'(조아서 다지면) 먹기 좋게 만든 퓨전 음식이다. 그래서 오리지널 산낙지에 거부감 있는 사람들도 부담 없이 먹을 수 있다. 낙지의 끈적한 고소함과 소고기의 미끈거리는 담백함이 콜라보레이션 되어서 술안주로는 그만이다.

소낙탕탕이
징말 맛있디.

　　탄생에는 여러 설이 있는데, 가장 다수설은 목포 뒷개 쪽에 있는 중앙시장통이 발원지라는 것이다. IMF 외환위기 이후 2000년대 초반에 탄생했단다. 당초 이름은 '소낙'(소고기+낙지)이었는데 '탕탕이'라고 널리 쓰이고 있다. 목포 어디나 탕탕이 안주가 된다. 그래도 역시 시장통에서 먹는 게 더 오리지널에 가깝다. 언제부턴가 가격이 너무 올랐다.

초보자들은 나무젓가락을 쓰거나 아예 숟가락으로 먹는 게 좋다. 그밖에는 전복이 들어간 갈비탕을 끓이다가 산낙지를 통째로 넣어서 데쳐먹는 '갈낙탕'이나 '불낙'(불고기+산낙지)도 있는데, 근래에는 자주 보이지 않는다.

6) 남도식 백반

/

목포는 백반이 유명하다. 1990년대 중반까지 계모임이나 회식장소로 백반집을 애용했다. 3~5천 원 정도였으니 당시로서도 가성비가 좋았다. 해산물, 게장, 찌개, 돼지고기, 생선구이 등 10첩 반상이 흔했다. 1990년쯤에 서울 노동단체에서 손님들이 왔는데 당시에 장사를 하던 윤소하 전 의원(당시는 아니었지만 나중에 정의당 소속 국회의원)이 점심접대를 했다. 지금도 성업 중인 유명한 돌식당에 갔는데 상다리가 휘어지게 나왔다. 서울 손님들은 한정식집인 줄 알고 크게 놀랐는데, 3천 원짜리 백반집이라고 하자 더 크게 놀라던 모습이 기억난다.

가성비 좋고 푸짐한 남도식 백반은 이제 만나기 어렵다. 한때는 무슨 회관이라는 1인당 1만 원대 세미 한정식집이 유행이었는데, 육해공 식재료를 총 동원에서 상을 세 번 갈았다. 지금은 구도심 만호동과 선창 항동시장 쪽에 백반식당들이 모여 있고 꽤 먹을 만하다. 하지만 예전처럼 푸짐하고 포만감을 주는 정도는 아니다.

이런 남도식 백반도 서서히 내리막길을 타고 있다. 이유는 반찬 낭비가 심하기 때문이다. 손님들이 손도 대지 않은 반찬은 재활용하기도 버리기도 애매하다. 백반장사는 박리다매여서 회전이 빨라야 하는데 그럴 수가 없는 음식이지 않은가. 그리고 무엇보다 소나 돼지, 닭 같은 육고기 공급이 늘고, 횟감 또한 보편화되면서 외식문화가 다양해진 게 근본 원인이 아닌가 싶다.

신자유시장 안 식당 골목

그렇지만 아직도 목포에는 1만~1만 2천 원 수준의 꽤 괜찮은 백반전문점들이 남아 있다. 특히 신자유시장 안(주차장 옆)에 모여 있는 백반 집들을 강추한다! 한샘이네집이나 현숙이네, 봉구네 등을 위시해서 10여 군데가량 모여 있는데, 허름해 보여도 음식이 깔끔하다. 점심시간에 가면 자리가 없다. 각종 활어회나 선어회도 웬만한 일식집보다 낫다.

목포역에서 20분 거리에 있는 무안군 일로읍 시장통에 가면 시골식 백반집이 있는데 여기도 색다른 맛이 있다. 좀 더 토속적이라고나 할까. 관광도시로 활로를 모색하고 있는 목포시에서 과거 화려했던 가성비 좋은 남도식 백반을 부활시키기 위한 전략적인 노력이 필요할 것 같다.

7) 병어

/

병어(병치)는 성질이 급하다. 그래서 바다에서 올라오자마자 죽어버리니 활어로는 먹을 수 없고 냉동시켜서 요리해야 한다. 쉽게 상하는 편이니까 상한 걸 먹고 탈이 나는 소위 '아다리'가 나지 않도록 주의해야 한다. 그래서 손질할 때는 내장과 배때기의 시커먼 부위를 잘 긁어내야 한다.

병어도 대표적인 서민생선이었다. 20여 년 전만 해도 포장마차에 가면 작은 병어회 한 접시에 1만 원 안짝이었지만, 지금은 전문점에서 대자 한 접시에 7~8만 원 정도 한다.

기름기가 오르는 5~7월에는 병어회가 최고이지만, 다른 계절에는 주로 찜(조림)을 해서 먹는 경우도 많다. 찜에는 보통 호박, 깻잎, 감자, 죽순이 들어가는데, 목포에는 이런 찜이 일품인 식당이 많다. 고기는 부드럽고 국물이 걸쭉해서 밥공기를 추가해야 할 것이다.

병어 사촌격인 덕자(덕대)도 있는데, 병어보다 훨씬 크다. 맛에 대해서는 호오가 갈리는데 나는 병어 편을 들 것이다. 일단 덕자는 좀 비싸다. 내 기준에는 뒷맛도 좀 심심하고. 나를 키워주신 외할머니가 돌아가시기 전날 병어회를 썰어주시며 꼭 큰 사람이 되라고 하셨다. 나는 큰 사람은커녕 밥벌이조차 변변치 못한 채 대책 없이 늙어간다. 할머니 제사상에 병어구이도 올리지 못했다.

싱싱한 병어회

8) 무화과

무화과(無花果)는 꽃이 없는 과일이란 뜻인니, 실은 껍질을 벗겨서 먹는 빨간 과육이 꽃이란다. 씹으면 안에 박힌 좁쌀보다 작은 씨알들이 터져서 입 안 가득 퍼진다.

무화과는 재배한계선이 있어서 광주에서도 찾아보기 어려운 남도의 과일이었다. 서울 사람들은 구경도 못한 경우가 많았고. 그러나 지구온난화 때문인지 요즘은 전북에서도 재배한단다. 무화과의 본산은 목포의 동쪽 영암군이지만 어릴 적에는 목포에서도 집집마다 무화과나무가 있었다. 학교 파하고 집에 가다가 담장 밖으로 늘어진 가지에서 무화과 열매를 몰래 따먹곤 했다. 열매는 먹고 무화과 줄기에서 나오는 하얀 진액은 피부에 난 사마귀에 바르면 없어진다고 해서 손톱깎이로 사마귀 껍질을 벗겨낸 뒤에 발랐다. 매우 쓰라렸는데 별 효과는 보지 못했다.

무화과
목포만큼 무화과가 맛있는
곳은 없을 것이다.

무화과는 8월 말부터 10월 중순까지 제철인데 요즘에는 신안이나 해남에서도 생산한다. 제철에 되면 목포 인근 국도변 산지 노점에서 싱싱한 놈들을 싸게 사서 배불리 먹을 수 있다. 물러진 하품(下品)은 설탕에 졸여서 무화과잼을 만들어서 식빵에 발라먹는다. 덜 달면서 향이 좋다. 코롬방 같은 목포의 로컬 빵집에 가면 쉽게 맛볼 수 있다. 같은 반이었던 중고교 동창이 영암에서 무화과를 서울로 유통해서 큰돈을 벌었다는 데 언젠가 전화가 와서 꼭 만나자더니 후속 기별이 없다.

9) 홍어

/

전라도 소울 푸드

문제적 '음석'이다. 나는 홍어를 좋아하는 편인데 푹 삭혀서 입천장이 벗겨질 정도의 하드코어가 아닌 마일드를 좋아한다. 홍어는 웬만해선 썩지 않고 삭힐수록 암모니아 냄새가 진해진다. 그 향이 호오를 가른다. 전라도 지방에서는 제아무리 진수성찬이라도 홍어가 올라오지 않으면 먹은 것이 없었다는 소리를 듣고 만다.

홍어 맛은 뭘까? 삭아서 쏘는 맛도 있지만 나는 적당하게 발효된 육질을 씹는 맛에 먹는다. 턱 근육을 타고 입 안에 포만감이 차오른다. 핑크색이 남아 있는 상태를 좋아한다. 홍어도 손질이 중요하다. 가장 중요한 과정은 역시 물빼기다. 적당히 건조시켜야 고기가 꼬들꼬들 얌전해진다. 전에는 지푸라기를 깐 항아리 속에서 숙성시켰지만, 요즘은 신문지에 싸놓는다.

홍어 중에서 물홍어는 하중하품이다. 홍어는 칼질을 잘해야 한다. 숙련된 칼잡이가 썬 홍어는 빛깔이 곱고 크기도 적당하다. 흑산홍어가 오리지널이지만, 요즘에는 대청도 부근에서도 많이 잡힌단다. 인천홍어도 있다. 흑산홍어가 귀할 때는 수입홍어가 주류였다. 여러 곳에서 수입했지만 주로 칠레에서 많이 들여왔다. 초창기에 수입 홍어를 유통한 업자들은 큰 수익을 올렸다. 원양어신을 통해서 컨테이너 박스로 들여와서 팔았다. 현지인들은 잡아도 그냥 버리던 생선이었다. 몇 년 전부터는 국내산 홍어가 많이 잡혀서 예전보다는 싼 값에 살 수 있다.

흑산홍어는 흑산도 현지 수협에서 특별관리를 한다. 홍어잡이 허가 어선도 대여섯 척밖에 안 되고, 경매위판도 흑산에서만 한다. 유통도 독자적으로 한다. 그래서 목포 식당에서도 흑산에서 사와야 한다. 목포 수협에서 위판되는 홍어는 대청도 홍어다. 가격은 좀 싸지만 흑산홍어보다 못할 건 없다. 다른 생선들도 그렇지만 홍어도 그물보다는 주낙으로 잡은 게 상품성이 좋다. 주낙에 걸려서 바다 속에서 끌려다니면 각종 노폐물이 저절로 빠져버리기 때문이다.

수입산은 남미지역에서 잡은 것보다는 캐나다나 미국 등 북미 연안에서 잡은 홍어를 더 쳐준다. 홍어도 암치(암컷)가 더 크고 부드럽고 맛있는데, 일부 업자들은 수치에 달린 홍어 거시기를 잘라내고 암치로 유통하기도 했다고 한다.

홍어 수치는 교미할 때 암치를 등에 달린 가시로 찍어서 고정시킨 채 얼싸안는다고 한다. 홍어 거시기는 두 개인데, 하나가 없어도 생식에는 지장이 없단다. 그래서 사람을 홍어거시기로 본다는 표현은 없어도 그만인 존재라는 뜻을 담고 있다. 역시 짐승이나 사람이나 암컷이 훨씬 쓸모가 많다. 암치는 입이 ─자 모양이고, 수치는 약간 올라간 모양인데 일반인은 구별하기가 쉽지 않다.

홍어가 상징하는 것

홍어도 회뿐만 아니라 마른 홍어나 홍어회판, 찜, 전으로도 먹는다. 특히 홍어 내장을 보리에 섞어서 끓이는 애국은 해장으로 일품이다. 홍어삼합은 홍어와 돼지수육, 묵은 김치인데, 무엇보다 김치의 질이 중요하다. 나는 그냥 맨 홍어를 선호하는데, 게을러서 삼합을 말아먹기가 귀찮아서다. 그리고 솔직히 말하면, 나는 아직도 흑산홍어와 인천(대청도)홍어, 수입홍어를 구별하지 못하것다.

홍어회
이제 홍어는 전라도를 넘어 전국구 어족이 됐다.

목포 시내에 유명한 흑산 홍어집들이 있는데, 솔까 내용물에 비해 가격이 비싸다. 강추하지는 못하겠다. 가장 알려진 흑산홍어 전문식당은 구도심의 덕인식당과 하당 우성아파트 부근 금메달인디 요즘 영업을 하는지 모르것다. 하당신도심 사랑의 교회 옆에 인동주집이라는 큰 식당도 있는데, 어릴 적 동네 쌀집 아줌마가 차려서 수입홍어로 대박을 쳤다. 신청호시장이나 동부시장 등에 있는 수산물 코너에 가면 2~3만 원 짜리 소량을 포장해 즉석에 앉아서 즐길 수도 있다.

홍어전은 냄새가 덜 나고 모양도 예뻐서 초보자들도 접하기 좋다. 첫 입을 베어무는 순간 콧날이 얼큰하고 기침이 나올 수 있다. 하당에 있는 두암골 전집은 홍어전은 물론 밑반찬까지 깔끔 담백하고, 연산동에 있는 가정전집도 맛이 괜찮다.

홍어전

홍어장사로 30년이 넘은 내 친구 김 회장은 몇 년 전에 홍어전
문식당을 차렸는데, 손해를 많이 봤다. 이상하게도 질 좋은 홍어
는 차고 넘치는디 홍어를 가성비 좋게 요리하는 전문식당은 찾아
보기 어렵다. 한 마리 단가를 뻔히 아는 데도 불구하고 일단 비싸
고 양이 적다. 홍어애국이나 회판도 접하기가 쉽지 않다. 어쩌다
가 시장통 스낵코너에서 운 좋게 만날 수 있다. 목포시가 관광정
책 차원에서 바람을 잡고 젊은 셰프들이 홍어전문 요리시장에 뛰
어들면 어떨까 싶다.

선친은 나주가 고향인데 홍어는 영산포가 원조라고 주장했다.
사실 일리와 근거가 있는 말이다. 본래 영산포는 전남서부권 최대
의 내륙 포구다. 서남해에서 잡힌 홍어도 영산강을 거슬러 영산포
구로 집산돼 호남지역으로 퍼져나갔기 때문이다. 지금도 영산포
(나주시)에서는 해마다 홍어 축제가 열린다.

오늘날 목포가 홍어의 고향으로 인식된 데는 호남에 대한 비하
와 더불어 김대중에 대한 조롱의 코드가 숨겨져 있는 측면도 있다.
홍어든 과메기든 감자든 제발 먹는 음식 가지고 시비하지는 말자.
사람을 홍어거시기로 보는 고약한 습관이다.

8
목포 사투리

뒤섞인 언어

처음 서울에 갔을 때 서울말이 참 신기했다. 특히 여자들의 새침하고도 사근사근한 말투에 녹을 것 같았다. 근디 좀 겪어봉께 다 같은 서울말이 아니었다. 경기도 북부와 남부는 좀 다르고, 심지어는 서울 안에서도 조금씩 특징이 있었다. 완전 토박이와 지방에서 상경한 서울 시민은 말할 것도 없고….

전라도 말도 그렇다. 광주와 목포는 그냥 구별된다. 여수나 순천 같은 전남 동부권은 경상도식 말투가 섞여 있어서 대번에 알 수 있다. "나(내)가~"는 순천 말투고, "~동안에"는 여수 광양식이다. "나코(나중에)"는 나주 쪽에서 많이 쓴다.

목포는 특유의 억양과 톤, 어투가 있다. 광주보다 거칠고 빠르며 냉소적이다. 여수보다는 직설적이며 과장된 표현이 많다. 광주나 순천 쪽은 좀 더 격식이 있고 친근하다. 예를 들어, 광주 쪽

에서는 욕을 "요~옥"이라고 발음하지만, 목포에서는 "욕!" 이라
고 단호하게 말한다.

광주에서는 친한 선배에게 "그런가~ 저런가~"라고 하는 경우
가 잦다. 목포에서는 그랬다가 대번에 멱살잡이가 날 수도 있었
다. 말이란 것도 결국은 그 지역의 정치경제적 구조와 환경을 반
영한다. 일찍이 개항돼 이주민과 타지인으로 구성된 목포는 타 지
역에 비해서 일체성과 정체성이 뒤섞여 있는 '혼종 도시'였다. 객
짓밥끼리 부딪히니 자연스레 사납고 날선 언어들이 뒤섞이며 서로
충돌했던 것이다. 그래서 목포에는 한때 욕쟁이가 많았다.

남진이 멋진 이유

지금은 목포말도 순화돼부럿다. 표준말이 많이 잠식했다. 특히
2030에서 두드러진다. 걸쭉한 전라도 사투리는 꼰대들이 사용하
는 언어 특징이 되고 있다. 서울까지 세 시간 거리이고, 결정적으
로 온라인 미디어의 발달은 지역의 고유성을 보편성으로 전환시
켜버렸다. 전 국민이 보는 드라마에서 쓰는 표준말이 지역 사투리
를 대체해나가는 건 어찌 보면 당연한 일이다.

드라마나 영화에서 사투리를 배워서 쓰는 배우들의 말투는 단
박에 티가 난다. 전라도말임을 강조하기 때문에 어색하다. 내 기
준에서 전라도 사투리가 가장 뛰어난 배우는 빨간 양말 성동일과
드라마 〈파인〉에서 복근이역으로 나온 조연배우 김진욱 같다. 자
연스럽고 이죽거리는 억양도 비슷하다.

일본의 국민배우 스가와라 분타(菅原文太, 1933~2014)가 나오는

야쿠자 5부작 영화 〈의리 없는 전쟁〉(1973)을 보면, 히로시마 구레(吳) 지방 야쿠자들은 습관적으로 말끝에 "~노"를 붙인다. 깡패 말투인지는 모르것지만 그 지방 사투리 같았다. 일본어는 잘 모르지만 반복해서 듣다보면 도쿄 등 간토지방 말과는 어감이 달랐다.

예전에는 특히 전라도 가시나(이 말은 '꽃과 같은 여자'라는 뜻으로, 여자 아이를 지칭한다. 비하하는 말이 아니다.) 중에 사투리가 창피하다고 서울말로 급전향하는 경우가 상당했다. 그 시절 전라도 말은 일종의 흑인영어 슬랭이나 다름없었다. 나는 그런 점에서만큼은 남진을 높이 평가한다. 남진은 방송에서도 목포 사투리를 거침없이 써부럿다.

겁나 멋진 남진!

사라지는 사투리

외조부는 황해도 출신이다. "그래 설라무네" 같은 말투와, 숙주나물과 돼지비계를 듬뿍 넣은 이북식 왕만두를 빚어서 한겨울 눈 속에 묻어두었다가 끓여먹었던 기억이 난다. 유달산 입구 북교동 외갓집에 가면 목수 '오야지'였던 외조부가 네발짜리 연자세(얼레)를 만들어줬다. 나는 무뚝뚝한 황해도말을 쓰는 백발의 외조부를 무서워했다.

공장 다닐 때 공장장 겸 상무이사는 평양 출신 오리지널 '삼팔따라지'였다. 중학생 때 월남해서 서북청년단에 가담했고 육군장교로 6·25에 참전했다가 다리 한쪽을 잃은 철저한 반공주의자였다. 구두쇠에 성격이 지독하고 깐깐하기 이를 데 없어 부하 직원들이 벌벌 기었다.

파업이 일어났을 때 나와 정면충돌했는데, 나한테 "볼셰비키 방식"으로 기습파업을 했다고 펄쩍펄쩍 뛰면서 공안경찰을 불렀다. 그러고는 어린 나에게 "손형"이라고 존대했고 협상 테이블에서 목각 담배 케이스에 든 담배를 권했다. 두어 번 사양하는 척하다가 맞담배질을 했다. 나중에 깡패를 시켜서 나를 납치했는데, 자식 생사가 불분명해지자 울 어머니가 관사에 쫓아가서 크게 한바탕했다.

몇 년 후 골롬반 병원 로비에서 마주쳤는데, "손형, 내레 아파 죽갔소. 당신들한테 모질게 굴어서 미안하우다"라고 사과했고, 얼마 지나지 않아 사망했다는 소식을 들었다. 사람 사는 게 뭘까, 하는 생각을 했었다. 인간이란 복잡하고도 허약한 존재다. 어쨌든 이제는 사투리도 옅어지고 사라져간다, 저출산 고령화라는 인구경제적 대격변이 지방부터 소멸시킨다. 지역이 소멸하면 당연히 말도 사라지기 마련이다.

9
목포에서 꼭 가봐야 할 곳

1) 유달산

/

목포의 상징

지금까지 유달산을 몇 번이나 올랐을까. 아마도 오백 번, 아니 천 번 정도. 북교동 토박이인 엄마가 어릴 때 유달산은 잽싸게 오르내리던 놀이터였단다. 그렇지만 엄마는 20여 전부터 몸이 불편해져서 더 이상 걸어서는 유달산에 오르지 못하게 되었다.

1994년도 정초의 어느 새벽에 유달산 일등바위까지 돼지머리와 떡시루를 지고 올라가 일출을 보며 고사를 지낸 적이 있는데, 그 해가 내 인생 최대의 망조가 든 해가 됐다. 그 뒤로 산제사는 지내지 않는다.

어릴 적 유달산은 가난한 목포의 상징이었다. 산허리를 초가집들이 휘감고 있었는데, 대부분 시유지를 무단점유한 무허가주택이었다. 어머니가 처녀 때 찍은 사진(1950년대 말) 속 유달산은 민둥산에 돌산이었다. 1983년에 일주도로가 뚫리면서 조각공원과 난공원이 생기는 등 조금씩 정비되기 시작했다.

유달산에서 바라본
삼학도 방면

지금 같았으면 산허리를 자른 일주도로가 아닌 환경친화적인 방식으로 개발을 했을 것이다. 그렇다 해도 유달산 정상에 쇠파이프를 박아서 네온사인 조명을 만들고, 그 천박함의 결정판인 케이블카 설치는 민선 지방자치 시대인 2010년 이후에 연쇄적으로 벌어진 일이다. 유달산은 점점 줄어들고 있다. 그렇지만 나는 갈수록 유달산이 좋아진다. 마치 소박뎅이 조강지처의 진가를 뒤늦게 발견한 얼뱅이 난봉꾼 서방처럼.

모든 곳과 통하는 플랫폼

유달산 바로 밑에서 사는 지인은 "유달산은 일주도로를 따라 걸으면 다양한 얼굴을 만날 수 있어서 정말 신기하다"고 이야기한다. 여기서는 목포 구시가지가, 저쪽으로 가면 영산강 하류와 삼학도가, 영암 월출산과 삼호조선소가, 돌아가면 다도해의 입구인 달리도와 율도가, 북항 너머로는 압해도와 장산도, 안좌도를 볼 수 있다. 이 작은 바위산은 바다와 섬, 강과 낮은 산맥으로 통하는 플랫폼이다. 그래서 유달산의 최고 덕목은 연결과 접근성이다. 누구나 오를 수 있고 누구든지 사귈 수 있다.

몇 년 전 함께 노가다를 하던 후배는 오포대에 올라서, 어린이날 엄마가 김밥을 싸서 동생들과 함께 유달산에 놀러온 유일한 가족 피크닉을 독백하면서 울었다. 돼지를 키우느라 너무나 바빴던 엄마와 함께한 유일한 어린이날이었단다. 시름시름 앓던 엄마는 몇 년 후 어린 삼남매를 남기고 바쁜 듯 떠났고.

지겹도록 익숙하지만 유달산은 올 때마다 새로운 사람들과 사연을 들려준다. 엄마돼지 젖꼭지마다 꼬물꼬물 들어붙어서 최후의 한방울까지 빨아먹는 새끼들처럼 지금도 유달산은 목포 그 자체다.

유달산 케이블카

단독탑승을 하니 신세계가 펼쳐진다. 이렇게 높이 오른 적도 없고 이렇게 넓은 세상을 단박에 본 적도 없다. 흐리고 비가 와서 시야는 좁아졌지만 유달산 일등바위와 이등바위를 스쳐가니 다도해 파노라마가 열리고 용머리 너머로 안좌도와 장산도가 보인다.

왼편으로는 삼학도와 영암 월출산도 보이고. 목포 시가지가 드디어 내 발 아래 놓였다. 60여 년을 땅개로 구르다가 오늘 오후에 솔개가 되니 회한에 가득 찬 지난 인연의 윤회일랑 끊어지고 오늘부터 새 인생이 카운팅 되기를 바란다. 나는 높아지고 넓어졌다.

배 멀미는 안 하지만 차멀미를 한다. 원래는 안 했는데 40대 중반부터 한 것 같다. 멀미는 코로 온다. 냄새를 맡으면 멀미를 시작한다. 유달산 케이블카를 처음 탔는데 중간부터 가벼운 멀미가 났다. 갑자기 비바람이 치면서 케이블카가 흔들렸기 때문이다.

솔까 쫄렸다. 순간 깨달음이 왔다. 죽는 게 엄청 어려운 최고난도의 일이다. 앞으로 "죽기밖에 더 하것냐"는 식의 '속창아지'(소갈머리) 없는 소리는 안 하고 살란다.

케이블카

케이블카에서 바라온 목포 구도심

나는 원래 유달산 케이블카 건설에 반대했다. 지금도 부정적이다. 관광용 케이블카는 산을 해치는 흉물이라는 이유였다. 산 곳곳에 세워진 거대한 기둥은 유달산을 싸구려 회전목마로 만들었다. 게다가 케이블카만 타려고 목포까지 오는 관광객이 얼마나 되겠는가.

음식과 문화역사적 서사 콘텐츠, 숙소 같은 관광 인프라를 제대로 갖추어도 관광객이 올까말까 한데 여수를 본뜬 케이블카만 달랑 매달아둔다고 될 일인가 하는 생각이다. 아니나 다를까 케이블카를 운행한 다음부터는 방문형이 아닌 체류형 관광을 해야 한다면서 오성급 호텔 건설이 해답이라는 주장을 시당국과 일부 정치인이 쏟아냈다. 결국 큰 관심 속에서 구도심 한복판에 건설된 고층 대형 호텔은 준공되기 직전 부도가 나서 몇 년째 텅 비어 있다. 그 아래 유명 H호텔 역시 삽도 뜨지 못한 채 공터로 남아 있다. 그때그때 팔랑귀가 돼 본말이 전도된 정책실패의 대가라고 하지 않을 수 없다. 그리고 이제는 게스트하우스로 올인하고 있다. 늘 그런 식이다.

케이블카 요금은 2만 4천 원인디, 목포시민은 7천 원 할인이다. 들은 바로는 20년 동안은 건설한 기업이 돈을 벌고, 그 후에는 목포시로 기부채납하는 조건이란다. 문제는 이제 케이블카는 어느 지자체에나 있는 흔한 관광자원이다. 환경훼손에서 자유롭지 못한 후진형 콘텐츠이기도 하다. 이왕 만들었으니 당장 허물 수는 없다. 전체적인 관광문화 시스템의 하나로 활용하면서 시너지 효과를 낼 수 있도록 효율적으로 운영해야 할 것이다. 그리고 유달산 정상에 강한 조명을 달아서 바위와 숲을 비추는 행위도 이제 그만해야 쓰것다. 천박하고 창피하다. 유달산이 등대도 아닌데, 아직도 쌍팔년도식 발상으로 그런 일을 벌이고 있는가. 좀 세련되게 처세하자.

유달산 이등바위에서 바라본 목포대교

언제 유달산에서 케이블카를 타야 좋을까. 석양이 지는 시간에 오른편으로 지는 서해바다 노을을 보면 상당히 낭만적일 것이다. 야간비행도 좋을 것 같다. 계절적으로는 유달산이 온통 꽃 대궐이 되는 사월 초중순이나 폭설이 내리고 파랗게 갠 다음날 오전 일찍 올라타고서 눈 쌓인 유달산과 섬들, 도심의 기리들을 보면 어떨까.

케이블카는 바다를 횡단해서 고하도 스테이션에서 휴식을 한다. 그런데 거기서 할 게 별로 없다. 고하도의 숲길과 해양전시관

을 돌아볼 수 있도록 교통수단(투어용 미니버스나 전기자전거, 네발
스쿠터 등)이 있어야 할 것 같다. 코스도 조성돼야 하고. 스테이션
루프탑에 가보니 전망은 좋은데 잡초가 우거져 있다. 왜 이렇게
방치하는지 모르것다. 아쉽다.

올빼미 운동장

"몰랐어요. 난 내가 벌레라는 것을, 그래도 괜찮아 난
눈부시니까."

전 국민 위로송 '반딧불'(황가람)을 듣고 한 번쯤 한숨 쉬
어보지 않은 사람은 드물 것이다. 뜬금없이 느닷없이 나
타나서 나를 오빠라고 부르던 여자에게서 배운 노래였다.
올빼미 운동장에서 반딧불을 라이브로 듣고 있던 날, 문
자 한 줄 남기고 자칭 '돌돌여사'는 사라졌다. 시원섭섭했
다. (We are all worms. But I do belive that I am a glow—
worm. 우리는 모두 벌레지만 나는 내가 반딧불이라고 믿
는다.) 나를 팽개친 그녀들이 부디 소원처럼 반딧불로 빛
나기 바란다.

지금은 간판을 내린 대성동 구 용꿈여인숙은 한때 도심

의 이정표였다. 반세기 동안 얼마나 많은 사람이 단잠과 꽃잠과 코골이를 하면서 용꿈을 꾸었을까. 그곳에 가면 뒷개가 한눈에 들어왔다. 그 앞쪽 지금 천년나무 아파트 자리는 피난민들이 모여서 만든 해방촌이었다. 그 옆 도로변에 있는 '올빼미 운동장'은 밤마다 작은 콘서트 난장이 펼쳐지는 낭만 '갬성포차'다.

용꿈여인숙이 있던 곳
목포 역사에서 용꿈여인숙을 빼놓을 수는 없다.

주인장인 송 사장은 지역에서 활동하는 뮤지션인데, '국도 1호선'이라는 노래패로 각종 행사와 파업현장을 누빈 관록이 있다. 민중가요로 시작했지만 노래에 경계가 어딨는가. 노동가의 대부 김호철도 군악대에서 음악을 배웠고, 왕년에 밤무대에서 나팔을 불었다는디.

저녁 무렵에 손님이 하나둘씩 자리를 차지하면 가수들이 모여들어서 기타를 잡고 노래를 부르기 시작한다. 그러면 누군가는 바이올린도 켜고 또 누군가는 클라리넷을 불기도 한다. 특별한 계획이나 콘셉트도 없고, 무대나 마이크도 없다. 좁은 공간에서 술 마시고 노래하고 춤도 춘다. 2030부터 60~70대 노땅까지 같이 어울려서 논다. 집시들 놀이터 같다.

주인 송 사장은 후배다. 작년 가을에 전혀 모르고 들렀더니 용케도 알아 봤다. 그 옛날 시내 서울순대 3층에서 진보정당운동을 할 때 알게 된 사이다. 비록 쫄딱 망했지만 나는 지금도 한국 사회에서 진보정당 노선이 기본적으로 옳았다고 확신한다. 그 실패가 오늘날 망국적인 정치 양극화와 유사 파시즘으로 이어졌다.

가장 큰 책임은 민주당이나 국민의힘 같은 거대 정당이 아니라 지금도 진보진영이라는 허명으로 완장질을 해대는 노조와 운동권에게 있다고 생각한다. 언제나 꿈꾸었던 새로운 세계는 부도수표였다. 알고도 속고 몰라서 넘어가는 게 인생살이가 아닌가도 싶다.

가끔은 안경 끼고 작지만 야무진 스타일의 가수가 나타나서 '반딧불'을 절창하면 수고비조로 꼬불친 현찰이라도

주지 않을 도리가 없다. 정태춘, 조용필에서부터 김정호와 김광석을 돌아서 BTS까지 달리다가 팝송을 부르기도 하고, 또 다 아는 노래는 합창에 떼창도 한다.

올빼미 운동장
당파성이 강한 주인장이
담벼락에 온갖 구호를
도배해놨다.

하당신도심에 가면 비슷한 콘셉트의 술집들이 있고, 시내 곳곳에는 왕년의 음악인들이 경영하는 라이브 바들이 즐비하다. 그렇지만 '올빼미 운동장'은 그런 곳과 달리 저렴하고 부담 없이 즐길 수 있다. 여기 오면 나그네도 붙박이가 된다. 나도 마이크 잡으면 장르 불문하고 일발 장전하는 사람인디, 조만간 들러서 신촌블루스와 김목경을 통기타 반주에 맞춰서 한 곡조 뽑을 생각이다.

<h2>2) 삼학도 크루즈</h2>

/

낭만적인 크루즈 여행

출항은 항상 마음을 설레게 한다. 오디세이처럼 파란만장한 항해가 아니라 콧구멍에 바람만 쐬는 짧은 뱃놀이라도 그렇다. 누구는 부둣가에서 화려한 전송과 기대를 받았지만 본전도 못 건지고 회항하거나, 좌초·표류되어 예인되거나, 아예 영원히 귀항하지 못한 경우도 있다. 출항은 귀항이 전제돼야 한다. 어젯밤 나는 무사히 귀항에 성공했다. 유람선을 타고 삼학도 크루즈 부두를 떠났다가 목포 앞바다를 거쳐서 돌아왔다.

선상에서 펼쳐지는 불꽃놀이

밤 항구의 화려한 불빛, 초승달, 바닷바람에는 가을이 실려 있었다. 갑판에서는 감미로운 공연이 펼쳐졌고, 불꽃놀이가 밤하늘을 수놓았다. 머리 위에서 쏟아지는 화려한 불꽃과 그 조명 아래서 세상으로부터 위로받고 있다는 느낌이 들었다.

1시간 50분의 항해를 마치고 귀항했다, 이번 크루즈는 공연과 춤판, 밤 항구의 파노라마가 함께 어우러진 낭만적인 여행이었지만, 인생 항해에서는 온갖 풍랑과 조난을 겪는다. 천신만고 끝에 만선으로 돌아오는 경우도 있지만 어창을 절반도 못 채우고 잡어 몇 마리, 그나마 그물은 찢기고 주낙은 끊어진 채 목숨만 부지해서 돌아올 때도 있다.

유람선을 타는 인생이 있는가 하면 50톤 이하 안강망이나 유자망 중선배를 타고 고달픈 밥벌이 노동을 해야 하는 게 보통이다. 혼자서 2~3톤짜리 주낙배를 타고 섬들을 떠돌아다녀야 하는 고달픈 중생도 쌔고 쌨다.

인생 항해에서 주인공이 되고 싶다면

세상 누구에게나 한 번쯤은 낭만 크루즈를 타고 즐길 기회가 있었으면 좋겠다. 불꽃놀이를 보면서 문득 〈하나비〉(1997)라는 유명한 일본영화가 생각났다. 거기서 나오는 불꽃놀이는 서글프고 빈약하며 초라하다. 감독과 주연을 맡았던 기타노 다케시는 순간적으로 명멸하는 불꽃을 우리 인생과 같다고 했던디, 그런 불꽃조차 없이 스러지는 삶들도 많지 않은가.

어제 처음 타본 삼학도 크루즈는 짧지만 환대와 우대가 있는 낭만의 공간이고 누구나 주인공 대접을 받는 항해였다. 돈값을 한다. 목포에 와서 한번 타 보시길. 요일마다 이벤트가 다른데, 금요일과 토요일 저녁항해 때는 불꽃쇼, 평일은 선셋쇼가 펼쳐진다.

전체적으로 크루즈선 상태가 깨끗하고 종업원들도 상당히 친절한데, 갑판 무대가 다소 빈약하다는 느낌이 들었다. 그리고 무대 장식에도 신경을 좀 썼으면 좋겠다. 서비스업이니만큼 격식과 분위기에 맞는 복장이나 장식을 갖추는 것도 필요한 듯하다. 그리고 무엇보다 항로를 조금 늘리거나 남항 쪽(영산강 하류나 평화광장 방면)으로 가는 것도 고려해보면 좋겠다.

흥겨운 선상 댄스파티

사실 크루즈 사업은 그 자체로 수익이 높지 않을 것이다. 언젠가 대북사업을 하던 교포가 압록강에 북중(北中) 합작으로 카지노 크루즈를 띄우려 했다는 글을 읽고서 목포 앞 바다에 제한된 시간만 즐기는 선상 간이 카지노 사업을 하면 어떨까 황당한 생각을 했었다. 하도 목포가 침체돼 있어서 해본 공상이었다. 관광여행의 인프라를 조성하고 정비하는 책임은 목포시와 정치권에게 있다. 모든 걸 사업자에게만 맡기지 말고 실질적인 지원과 여건조성에 힘썼으면 좋겠다.

3) 갓바위 – 문화예술타운

/

남농기념관

목포 삼학도에서 하당신도심으로 연결되는 갓바위 6차선 해변도로 양쪽에 문화예술시설들이 모여 있다. 전국 어느 도시에서도 쉽게 찾아보기 힘든 밀집형 대규모 공공예술타운이라고 할 수 있다.

야트막한 산과 바다 사이에 자리 잡고 있어서 입지조건은 물론 접근성도 좋다. 문화예술회관, 해저유산전시관, 자연사박물관, 향토문화회관, 문예역사관, 플레이센터(체육레저시설), 목포문학관, 옥공예관, 남농기념관, 생활도자기전시관 등이 넓은 공원과 함께 조성돼 있다. 철마다 연주회와 공연, 전시회가 열리는 예향과 문자향의 거리다.

남농(南農) 허건(許楗, 1907~1987)의 작품과 수석 소장품 등은 남농기념관에 있다. 소치(小痴) 허련(許鍊, 1808~1893)-미산(米山) 허형(許瀅, 1862~1938)-남농 허건으로 이어지는 3대의 예술혼은 추사 김정희와 초의선사의 맥을 잇는 한국 남종화의 거대 산맥이다. 직계 외에도 의재 허백련 선생 등 허씨 집안은 묵향과 묵맥이 흐르는 최고의 명문가이다.

남농기념관

    조부인 소치 허련은 임금(헌종)에게 그림을 바치면서 왕실과도 교류한 당대의 거물이었다. 남농은 진도 출신이지만 청소년기부터 주로 목포에서 활동했다. 어렸을 때 유달산 등구에서 남농 선생을 몇 번인가 본 적이 있다. 머리가 허연 동네 할배 같은 차림이었다.

    어른들 말씀에 따르면 말년에는 남농 선생이 낙관을 남발해서 작품가격이 낮다고 들었다. 목포 사람치고 집에 남농 작품 하나쯤은 있다는 소리가 있을 정도였으니까.(우리 집에는 없었다.) 진짜 값나가는 작품은 개인이 많이 소장하고 있다고 한다.

K-한국화의 거점으로

남농기념관은 1985년 갓바위 문화예술타운에서 가장 먼저 건립됐다. 남농 선생이 살아 있을 때였다. 조부인 소치 허련, 부친인 미산 허형, 동생인 허림을 비롯하여 여러 대가들의 서화(書畵)와 함께 남농이 수집한 수석과 도자기 등이 전시되어 있다. 정원도 원림(遠林)처럼 잔디와 연못, 석탑 등 여러 조형물이 조화를 이루어서 상당히 아름답다.

그런데 최근에 가보니 관리상태가 그다지 좋지 않다. 기념관 안팎은 물론 전시실조차도 민망할 만큼 관리가 부실하다. 도자기와 초의선사 유품 등에 문방구에서 파는 견출지로 번호를 붙여놓고, 일부 작품은 해설조차 없다. 안내도 없다시피 하거니와 전시 작품 자체가 빈약하다. 전체적으로 너무 낡고 방치되어 있어 깜짝 놀랐다.

추계귀어(秋溪歸漁, 허건, 종이에 먹)

원래 기념관은 전시뿐만 아니라 한국화에 대한 소개와 해설, 대중미술 강좌와 감상, 후학들의 작품 활동 지원과 함께 시민들, 특히 청소년들의 교양체험 수준을 높이는 목적으로 건립됐다고 알고 있다. 사실 청소년이나 2030들에게는 남종화나 문인화는 진품

명품 같은 프로그램에서나 볼 수 있는 골동품에 불과하다.

솔까 전통 한국화는 생소하고 인기가 없다. 남종화의 전통을 보전에만 집중하지 말고 젊음의 감성에 호소하는 방향으로 정책의 전환이 이루어졌으면 좋겠다. 그래서 목포가 K-한국화의 거점으로 우뚝 서기 바란다. 전통은 언제나 재창조되고 재해석되어야 한다.

문화산책의 거리로

옥공예관은 무형문화재 100호인 목포 출신 장주원 명장의 옥공예 작품 전시관이다. 우리나라보다 해외에서 더 유명하다고 한다. 지금도 체험 프로그램을 운영하고 있다. 이전에 산정동 꼭대기에 자택이 있었는데 「한겨레신문」 창간 초기부터 구독을 해서 총무였던 선배가 배달할 때 좀 투덜거렸던 기억이 난다.

문화예술회관은 로비와 잔디마당이 바로 해변이어서 여름에는 시민들이 아이들과 바람을 쐬러 나온다. 밤에는 넓은 주차장에 차를 대고 주변에서 데이트를 즐기는 남녀들이 솔찬하다. 향토문화회관은 분수정원이 있어서 가족과 연인, 친구들이 가벼운 피크닉을 즐기기 좋은 장소다. 그러나 이 거리를 찾는 여행자와 관광객들은 많지 않다. 차를 타고 해안도로를 거쳐 가거나, 학생들이 단체 관람을 하러 들리는 정도이다. 목포시는 문화예술타운을 다각도로 활용하기보다는 현상유지 정도로 관리하는 데에만 급급하다. 다양한 문화체험과 찾아가는 예술 퍼포먼스 기획이 부재하다. 조성할 때는 막대한 예산이 들었을 텐데도 좋은 자리에 시설과 예산을 쓰면서도 양질의 활동을 하지 못한다.

이러한 침체와 부실을 타파하기 위해서는 무엇보다 창조적인 문화네트워킹과 마케팅을 위한 비즈니스 마인드가 절실하다. 여행자들이 이 예술타운에서 편리하게 '문화산책'에 접근할 수 있는 동기와 유인책을 만들어내야 한다. 목포는 노상 관광문화산업만이 살 길이라고 외치면서 구도심 살리기에 몰빵 투자하지만, 구도심의 근현대사거리만 문화관광자원은 아니다. 문화예술타운을 브리지로 삼아서 근현대사거리(구도심)–삼학도–하당신도심(평화광장로)을 연결하는 시티 올투어링 코스를 기획할 수 있다는 생각은 왜 해보지 않는가.

향토전시관 정원

목포 관광여행의 치명적인 약점은 관광특구인 구도심 투어가 한나절거리밖에 안 된다는 점이다. 그런데도 예술타운과 번화한

147

신도심, 평화광장, 해안로의 문화관광 거점과 연결하는 패키지는 시도조차 하지 않는다. 좀 더 아이디어를 내고 시뮬레이션을 해서 상품을 개발한다면 가족, 친구, 연인 등이 즐길 수 있는 피크닉 파크로도 괜찮을 텐데 말이다. 이 좁은 도시에서 관광지가 분산고립돼 있으니 체류형 여행이 되지 않고 당일치기로 왔다가는 것이다.

예술타운은 건물들끼리 멀뚱멀뚱 마주보고 있다. 카페, 식당, 키즈파크, 피크닉파크, 노천극장 같이 사람들의 발길을 붙들 수 있는 상업적 개발도 필요하다. 그래서 해가 지더라도 시민들이 '문화 밤마실'을 나올 수 있는 불 켜진 예술광장으로 탈바꿈해야 한다.

2026년에는 국제수묵아트센터까지 들어온다는 소식이다. 그럼에도 자연사박물관과 해저유물전시관, 문화예술회관을 제외하고는 콘텐츠가 밋밋하고 업데이트도 제대로 되고 있지 않다. 당연히 이용객도 많이 찾지 않고 있다. 기존의 시설자원과 하드웨어마저 제대로 활용하지 못하고 있기 때문이다. 한마디로 종합적인 문화네트워크와 운영 소프트웨어가 부족하다고 하지 않을 수 없다.

요절한 천재화가 허림

"형님 나 동경으로 미술유학 좀 보내주쇼."

허림은 셋째형 남농에게 일본 유학을 간청했다. 그렇게 형님을 설득한 허림(許林, 1917~1942)은 현해탄을 건너 1940년 도쿄 가와바타 미술학교에 입학했다. 재능이 있었던 식민지 청년은 일본의 최고 권위의 '문전'(文展, 문부성미술전람회)에서 두 번이나 입선하며 조선인을 얕보던 일본화단에서 "반도 화단의 신성"이라는 찬사를 들었다. 그렇지만 안타깝게도 25세의 나이로 요절하고 말았다.

6월 무렵(허림, 종이에 채색, 1943년 제5회 문전 입선작)

사람들은 소치 – 미산 – 남농으로 이어지는 황금 3대와 의재 허백련을 자주 입에 올리지만, 남농의 동생인 허림의 존재를 기억하는 사람은 많지 않다. 그는 부친인 미산을 따라 여덟 살 때 목포로 이주해서 목포북교초와 목포상고를 다니면서 근대식 미술교육을 받았다. 그는 부친이나 형 등 일가의 전통적인 남종화풍과는 달리 근대성을 적극 수용해서 서양화 기법을 도입한 독창적인 화풍을 개척했다.

허림은 흥청거리던 식민도시 목포와 주변 바닷가 동네를 작품의 주된 소재로 삼았다. 그의 작품 또한 남농기념관에서 만날 수 있다. 허림의 묵맥은 아들인 임전 허문으로 이어졌다. 한편 남농의 손자인 허진(전남대 교수)과 허재 화백으로 이어지는 소치 가문의 예술혼은 5대째 계속 이어지고 있다.

백기완 · 서한태 · 남농

1986년 여름, 전국은 부천서 성고문 사건으로 떠들썩했고, 진상규명 요구 시위를 주도한 저명한 재야운동가 백기완은 경찰의 지명수배를 피해 목포로 숨어들었다. 환경운동가 고 서한태 박사가 도피처를 마련해줬기 때문이다.

하루는 서한태 박사가 백기완을 남농기념관으로 데려가 구경을 시켜주었단다. 민중민족문화운동을 한 불쌈꾼 백기완은 사대부의 귀족문화인 문인화가 좀 뜨악했는지 반응이 건조했단다. 그런데 어느 그림 앞에서만큼은 걸음을 멈추고 찬탄을 아끼지 않았다고 한다. 가지가 탁 꺾어진 소나무 그림이었는데, 어떤 기품이 느껴졌던 모양이다.

평생을 독재와 맞서 싸우다가 전두환에게 쫓기고 있던 혁명적 민족주의자 백기완의 리얼리즘과 일본 총독과 전두환에게서 받은 훈장을 전시해놓은 남농이 예술을 매개로 소통했다고 봐야 할까.

남농, 서한태, 백기완. 세 사람 모두 자기 분야에서 당대를 대표하는 거장이고 전설이다. 나는 운 좋게도 백 선생과 서 박사는 직접 만났고, 남농은 유달산 등구와 오거리에서 여러 번 뵌 적이 있다.

1992년 대통령선거 때 나는 민중후보 백기완 선거운동 목포 지역본부장을 맡았다. 지금까지 유일한 선거운동 이력이다. 서한태 박사는 생전에 댁으로 두어 번 찾아뵀는데 와인을 내주셔서 대접받은 적이 있다. 스타와 샐럽은 끊임없이 명멸하고 있지만, 거장과 대인, 호걸들의 시대는 지난 듯하다.

10
예향 목포

1) 예술혼이 숨 쉬는 땅

/

예향

오래 전 유홍준은 『나의문화유산답사기』에서 목포에 가면 동네이 발소에도 그림과 글씨가 한두 점씩은 걸려 있는 "예향"(藝鄕)이라고 했다. 실제로 목포에는 지금도 묵객과 화가가 많다.

남농의 본거지이기도 했고, 일찍부터 목포대학교에 미대와 음대가 생기는 등 직업적인 예술가뿐 아니라 지망생과 동호회가 많다. 구도심 곳곳에 표구사가 많은 것도 그런 분위기를 반영한다. 개인이 운영하는 작은 갤러리와 지방문화재급 명창의 소리연구소도 어렵지 않게 찾아볼 수 있다.

인근 여러 섬에서 나온 수석과 난을 기반으로 하는 분재문화가 대중적인 저변이 있는 곳이기도 하다. 수석의 본토는 목포권인 영광 낙월도인데, 한때는 신안이나 진도, 완도 같은 섬으로 야생란을 캐러 다니는 게 붐인 적도 있었다. 친구 어머니는 분재기술자였는데 집 옥상에다가 하우스를 짓고 분재작업을 하셨다. 어머니는 "분재란 게 결국 어린 나무를 철사로 묶고 비틀어서 불구로 만드는 작업"이라고 하셨다.

판소리. 서예, 그림, 수석, 난, 분재는 일종의 한량문화이고, 문자향이 나는 양반문화다. 곡창지대라 양반과 지주 계급이 있어서 그랬는지, 아니면 조선시대에 유배를 왔던 경화세족(京華世族) 사대부들이 남긴 영향인지는 모르겠다. 삼학도 갓바위 일대는 국립과 시립 문화예술 시설들이 즐비하다. 그 외에도 가볼 만한 민간 미술관이 여럿 있다.

아트센터 신선

갓바위 터널을 빠져나와 평화광장 방면으로 커브를 돌면 골목길에 아트센터 신선이 숨어 있다. 2층 건물인디, 1층 갤러리를 무료 개방하고 있다.

아트센터 신선 내부

전시공간은 아담하면서도 정갈하다. 관이나 기업의 지원 여부나 수익구조 같은 자세한 내막은 알 수 없지만, 이 작은 도시에 오솔길 같은 미술관이 있다는 게 신기하고 고맙다.

갤러리 나무

구도심 북교동 입구 불종대 건너편 2층에 있다. "도자기로 구운 게"를 표현하는 박일정 작가 덕분에 여러 번 가봤다. 몇 년 전 사진 촬영을 위해서 박 작가의 작품들을 날라다주는 노가다를 하다가 알게 되었다. 이 공간 역시 무료개방한다. 문화예술협동조합 나무숲에서 회비로 운영한단다. 3층에는 교육과 체험을 위한 공간도 있다.

성옥기념관 별관 전시실

지방문화재이며 전시관인 성옥기념관 내 별관에는 갤러리가 있다. 보통 별관 전시실이라고 부르는 이 갤러리에서는 1년 내내 작품을 전시하고 있다. 전시실 앞 잔디밭 조경이 정갈하고 시원하다. 가끔씩 공연도 열린다.

별관 전시실은 원래 예비화가들의 창작열을 고취시킬 목적으로 문을 연 전시공간이었다. 그런데 예상 외로 성황을 이뤄서 지금은 1년에 24명의 작가가 배정돼 보름씩 전시회를 열고 있다.

기념관과 갤러리 운영의 책임자인 조순현 실장은 자신도 화가로서 온금동(다순구미)을 화두로 작품 활동을 하고 있다. 유달동 태생인데 화통하고 수완 좋은 전시기획자이면서 고향을 사랑하는 향

토화가이기도 하다. 미술에 까막눈이긴 하지만 그의 '하꼬방' 같은
화풍도 좋고 강렬한 느낌의 색채가 마음에 들었다.

성옥기념관 외부와
내부 전시실

　십수 년 전 온금동을 철거하고 대규모 아파트촌을 건설한다고
할 때부터 그곳에서 뿌리를 내리고 살고 있는 사람들의 삶과 문화
를 보존한다는 생각에서 다순구미를 그리기 시작했단다. 조 화백
은 다순구미에 대해 이렇게 말한다.

　"100여 년의 역사를 고스란히 간직한 온금동 마을은 옛 째
　보선창 뒤편 유달산 자락에 있는 곳이죠. 사람 한두 명이

겨우 지나갈 정도로 좁디좁은 마을이지만, 세월이 흘러 낡고 허름하다고 낡음의 가치를 모르고 헐어서 거대한 콘크리트 아파트를 짓는 건 아니라고 봐요. 온금동 곳곳에 담겨진 이야기, 사람들의 온정도 그대로 이어져야 할 우리의 문화잖아요. 이건 정말 아닌데 싶었어요. 뭔가 사라지고 없어져간다는 안타까움에 하나하나의 풍경과 기억 속 마을의 이야기를 화폭에 담기 시작했어요.”

이런 조 화백이 일하는 성옥기념관에 가면 별관 전시실 외에도 진귀한 예술작품과 자연수집물을 만날 수 있다. 한마디로 작은 박물관이다. 위치도 근현대사거리 복판에 있어서 접근성도 좋다.

(좌) 온금동 잔상(조순현, 혼합매체, 2020)
(우) 온금동 희망(조순현, 아크릴, 2014)

<h1 align="center">2) 책이 있는 풍경</h1>

오거리문화센터와 고호의책방

오거리문화센터는 목포의 대표 빵집인 코롬방 제과점 바로 옆에 있는 근대문화유산이다. 원래는 일제가 지은 불교 사찰인 동본원사(東本願寺)의 목포별원이었다. 해방 후에는 중앙교회가 오랫동안 사용하다가 퇴거한 후 잠시 철거논쟁이 있었다. 그렇지만 최종적으로 보존하기로 결정해서 현재는 전시 및 공공행사를 위한 공간으로 쓰고 있다.

오거리문화센터

목포의 명동성당격인 중앙교회는 지역 민주화운동의 산실이었다. 1987년 6월항쟁 때에도 종교인과 재야인사들이 모여서 직선제 개헌을 결의하고 시민과 함께 행진한 역사가 있다. 우리도 8~90년대에 교회 지하에 있던 청년회 사무실을 들락거리며 이러저런 작당모의를 했다.

고호의책방

　그리고 코롬방 빵집 건너편에는 고호의책방이라는 작은 예술서점이 있다. 주로 예술도서와 독립출판물, 인문사회, 중고도서 등을 판매하며, 커피와 차도 취급한다. 안으로 들어가면 멋진 오디오 시스템에서 나직하게 음악이 흘러나오는데, 커피와 차를 마시면서 책을 읽을 수 있는 공간도 별도로 마련되어 있다. 목포역에서 걸어서 5분 거리에 있다.

포도책방

2025년 초에 선창 부근 신안수협 건물에 들어선 책방이다. 이 건물은 원래 동양척식회사의 쌀창고였단다. 그 옆에는 1926년 반도를 뒤흔든 제유노조 파업사건의 무대인 조선제유공장이 있었다. 지금도 천장에는 서까래가 그대로 있다.

　이 서점은 신간을 파는 일반 서점이 아니고 연회비를 낸 회원들이 자기 코너를 마련해서 중고책을 전시·판매하는 구조이다. 일종의 문화공동체를 지향하는 거점공간인 셈이다. 그래서 작가와 예술인, 학자, 가수 등이 출연하는 토크쇼와 공연도 자주 열린다.

좋은 책들도 많다. 서점 대표인 조경민 씨('조 반장'이라는 별명으로 더 잘 통한다.)는 도시재생전문가로 활동하다가 37년 만에 귀향한 것으로 알고 있다. 목포뿐만 아니라 전국을 다니면서 협동조합 관련 사업 등을 하고 있는데, 현재는 구도심 근현대사거리를 재설계하고 활성화시키는 마을 스테이 프로젝트를 준비하고 있다. 누구 말처럼 '먹물' 분위기가 진하게 나서 나 같은 프롤레타리아트 스타일과는 조금 거리감이 느껴진다. 그럼에도 이런 자발적인 노력과 사업이 결실을 맺어서 목포의 문화가 더욱 아름답게 꽃 피우기를 기대한다.

포도책방 내부
책방다운 운치가 있다.

남도책방과 돌담갤러리

남도책방은 국제여객선터미널 제주행 카페리를 타는 곳 맞은편에 있는 작은 책방이다. 목포과학대학 산업디자인 교수로 정년퇴직한 정은채 디자이너가 최근 문을 열었는데, 남도마을로협동조합이 함께 하고 있다.

책방은 작지만 뒷문을 열고 나가면 엄청 큰 마당과 돌담으로 된 두 개의 공간이 있다. 처음 보는 순간 마당에서는 문화행사를 하면 딱 좋겠다는 생각이 들었는데, 실제로 옥외 파티나 행사가 열린단다. 그리고 창고형 공간은 갤러리여서 각종 모임과 전시회가 열린다. 커피를 좋아하는 대표가 성능이 뛰어난 커피머신을 준비해두고 있다.

남도책방 내부 모습

11

깊고 푸른 목포의 밤

1) 뒷개와 평화광장

건전해진 유흥문화

지금까지 룸살롱을 딱 한 번 가봤다. 지금은 없어진 '바덴바덴'이라는 건물 지하에 있는 룸살롱이었다. 술을 묵고 나오는데 아가씨가 하도 팁을 달라고 하길래 전 재산 5천 원을 줬다. 그래서 집까지 걸어갔다.

항구도시답게 목포도 밤문화가 발달했다. 여성이 있는 유흥업소가 많은 편이었는데, IMF 외환위기 이후 노래방에서 변태영업이 창궐했다. 노래방의 절반 이상은 여자와 술이 나오는 스트립클럽 같았다. 이래도 되나 싶을 정도로 하드코어했다.

보도방이 우후죽순으로 생겼고, 노래방에서 알바를 뛰는 프리랜서 주부들도 수두룩했다. 거리에는 무면허로 스쿠터를 타고 티

켓 배달을 가는 미성년자 다방 종업원들이 흔한 풍경이었고, 심지어는 파출소에서도 커피를 시켜먹었다. 한때 유명했던 서울 북창동식 유흥주점은 목포 하당신도심 노래방 문화가 모델이었다는 말이 있을 정도였다.

IMF 외환위기라는 경제 쓰나미가 쓸고 간 대한민국의 풍경이었다. 10대 가출 소녀부터 할매까지 나이를 불문하고 몸으로 돈을 버는 여성이 많았다. 솔까 나도 그 시절에 이리저리 유흥문화를 접했지만 다행히도 개털인 관계로 지인들에게 빈대만 치는 정도에 그쳤다. 모든 게 다 유행과 시류인 '모냥'이다.

2000년대 후반이 되면서 목포의 유흥문화는 급속하게 퇴조했다. 이제는 목포 시내에는 룸살롱이 하나도 없다. 목포 룸살롱업계의 황제는 내 또래 김 아무개인데, 그 친구는 술을 한 잔도 못한다. 진작에 업종을 전환해서 대형식당을 한다.

일제 때는 '사쿠라마치'라고 불렀고 그 후에는 통칭 보광동이라고 불렀던 선창과 역전 사이 골목에서 뱃사람과 여행자를 상대하던 홍등가도 사실상 없어졌다. 근현대사관광지와 인접했기 때문이다. 세련된 차림으로 캐리어를 끌고 다니는 여성 관광객들을 보면서 격세지감을 느낀다. 그 많던 하꼬방 여인숙들과 쉬었다 가라던 아줌마들은 사라졌다. 그 틈새를 외국인 여자들이 메운다는 소문이 있지만 사실인지는 모르것다.

목포의 밤문화는 매우 건전해졌다. 친구와 지인들, 연인들이 맛난 음식과 술을 가볍게 마시며 수다를 떨며 밤거리를 산책하고 연애하는 분위기다. 벌거벗은 성적 충동을 자극하는 비릿한 유흥의 흔적이 없진 않지만 쉽게 찾아보기 어렵다. 관광거점도시로 선정되면서 인문도시, 역사도시를 지향하는 정책적 결과인가도 싶고, 내가 유흥과는 떨어져서 살기 때문인지도 모르것다.

북항과 연산동

뒷개라고 통칭되는 지역인데, 수협어판장과 어선정박항답게 해산물과 생선이 모이는 곳이다. 활어직판장도 있고 뭣보다도 회 센터가 있다. 부산 자갈치에는 비할 바 아니지만 좀 더 푸짐한 생선회와 낙지, 장어탕요리 등을 즐길 수 있다. 가격대가 좀 있는 편이다. 바닷가 뷰가 있는 노을공원과 해경파출소 부근에는 커피숍들이 있는데, 파출소 쪽이 더 저렴하다. 가장 좋은 뷰는 바다 건너 압해도가 통째로 보이는 커피숍인데 활어직판장 2층에 있다.

북항의 밤풍경

연산동에 있는 중앙시장에는 가성비 좋은 횟집들이 많다. 낙지를 비롯한 각종 회무침도 좋고, 싱싱한 활어와 선어도 많다. 중앙시장통부터 시작해서 식당과 술집이 즐비한 주변을 기웃거리다 보면 허름하게 보이는 맛집을 찾을 수 있다. 나도 그 동네에서 자주 어슬렁거린다. 시장 앞 직선도로 약 1킬로미터는 MZ청년들의 거리다. 싸고 다양한 맛집들이 많다. 밤늦게까지 아그들이 복작거린다.

평화광장길

목포 신도시 하당지구와 영암 삼호를 잇는 영산강 하구둑은 왕복 4킬로미터다. 이 10리 길을 함께 걸은 연인은 머지 많아 헤어진다는 속설이 있었다. 광주 쪽에서 온 연인과 불륜 커플이 다른 사람들의 눈을 피해서 이곳을 많이 찾았다. 2년 여 동안 그 둑길을 밤마다 달렸는디 만남도 헤어짐도 없었다. 나는 자유인이 틀림없다. 나는 자유인이다!

2000년 이후 목포의 중심은 하당신도심으로 바뀌었다. 그중에서도 평화광장을 거점으로 하는 동북쪽이 목포의 강남과 홍대라고 봐야 한다. 바닷가에 길게 조성한 널찍한 해변공원은 삼학도부터 영산강 하구둑까지 일직선인데 대략 6~7킬로미터 정도다. 특히 밤이 되면 시민들이 나와서 산책과 운동, 버스킹, 술판이 벌어지는 핫플레이스다. 그 넓은 길이 인파로 가득 차고, 차량도 통제한다.

하구둑에서 목포 쪽을 보면 왼쪽이 평화광장인데 바다 위에 뜬 불야성 같다. 오른쪽은 전남도청 소재지인 남악과 오룡지구(무안군)인데 잔잔한 영산강물에 비치는 고층 아파트의 야경이 제법 그럴싸하다. 하구둑이 가르는 이 두 지역은 본래 한 뿌리다. 어서 빨리 통합해야 한다.

머지않아 영산강을 가로지르는 철교와 다리가 놓인단다. 강과 바다를 한 눈에 조망하는 명소가 될 것이다. 부산에서 목포까지 세 시간이 채 걸리지 않는 고속철도 또한 절반 이상 개통됐다. 강변열차 통유리창으로 영산강을 볼 수 있다. 평화광장 쪽 해변에서 청년들이 불꽃을 쏴 연기와 불꽃이 바다 위로 솟아오르면 딥 퍼플의 '스모크 언 더 워터'(Smoke on the water)가 떠오른다. Smoke on the water, fire in the sky~

평화광장의 아침과 밤 풍경

젊음을 느낄 수 있는 거리

평화광장 자체는 좀 멋대가리 없이 어두운 콘크리트 공간이다. 전국 어디에나 있는 철제 하트 조형물만 있다. 평화도 없고 목포도 안 보인다. 바닷가에는 200억이 넘게 들였다는 음악분수가 있어 밤마다 분수 조명쇼를 한다.

다 좋은데 진행이 너무 구리다. 관공서 안내방송 수준이다. 재능기부를 받아서 전문 디제이 출신들이 프로그램을 꾸몄으면 좋것다. 수상무대도 있으니까 거기서 댄스 디제잉 퍼포먼스도 하고. 그런 것은 어서 빨리 시민에게 넘겨라. 찾아보면 능력자들이 허벌나게 많을 것이다.

평화광장 건너편에 호텔들이 있고 그 뒤편 롯데마트 사이가 본격적인 유흥가다. 주 고객은 역시 MZ들이다. 아직까지는 목포에 청년거리가 살아 있다. 밤이 되면 서울 홍대나 강남 사거리 못지않게 젊은 인구가 밀집한다. 흥청대는 젊음을 느낄 수 있는 전남 서부권 최대 핫플레이스다. 거기에서 15분 정도 걸어 내려오면 먹거리촌이 있다. '장촌'(초창기 주변에 모텔이 많아서 붙은 이름)과 부영아파트 사이에 괜찮은 가게들이 숨어 있다. 가성비 좋은 포차부터 남도식 육해공 맛집이 많다. 소문난 집은 실망하기 쉽지만 평범해 보이는 숨은 보석들은 더 빛나는 법이다. 평화광장 부근이 경쾌한 MZ 입맛이라면, 먹거리촌은 좀 더 헤비하고 숙성된 음식문화다.

하당 신도심에는 대실을 받지 않는 패밀리 또는 여행자 전용 모텔들이 많다. 평일 기준 5~6만 원이면 넓고 깔끔할뿐더러 간단조식도 주는 숙박 서비스를 이용할 수 있다. 목포는 섬들을 끼고 있는 항구도시여서 일찍부터 숙박시설이 발달한 고장이다. 수도권과 비할 바 없이 싸고 넓고 깨끗하다. 구도심에 밀집된 게스트하우스 스타일이 아닌 세미 호텔을 원하면 검색해보시랑께. 넷플릭스를 비롯한 온갖 OTT도 다 나온다고 하니 젊은 취향에 맞지 않을랑가.

2) 대반동

/

해변공원

하당신도심이 개발되기 전 목포시민의 유일한 해변 유원지는 대반동이었다. 1970년대까지는 해수욕장이 있었는데 뻘밭에 모래를 깔아서 만들었다. 위에 막아놓은 원형풀장은 유료 해수욕장이고, 아래쪽 콘크리트 스텐드가 있는 넓은 바닷가는 무료 해수욕장이었다. 위생과 거리가 먼 뻘물인데다 간혹 쩍(굴 껍질처럼 생긴 돌에 붙어 있는 날카로운 조개껍질)에 발바닥을 베이기도 했다.

대반동 해변 유원지는 썰물 때 모래가 많이 쓸려갔는데, 그로 인한 사고가 잇따르자 폐쇄됐다. 그 뒤로 남은 어설픈 모래사장과 작은 방파제는 여름이 되면 25만 목포시민이 몽땅 나온 듯 삼겹살을 구워 먹는 거대한 야외 바베큐장으로 변모했다. 도로 위에서 보면 마치 산불이 난 듯 고기 굽는 연기로 해변이 꽉 찼다.

지금은 해변공원으로 거듭나고 있다. 째보선창에서 대빈동 방파제까지 걸어가면 낮에는 바다색과 하늘색에 눈이 트이고 밤에 모래 위를 걸으면 귀가 트인다. 목포 출신 카메라 감독님과 대반동을 함께 걸으며 들은 말인데, 해변은 사람들이 물에 들어가 발을 적실 수 있어야 사람이 모인단다. 그래서 대반동 모래사장에 수중에 보이지 않는 얕은 방파제 구조물을 설치하면 모래 유실도 막고 안전까지 챙길 수 있단다. 모래사장 끝을 따라서 촘촘히 박아놓은 안전 막대기둥은 미관상 좋지 않고 물과 사람의 접촉을 차단한다.

섬과 바다와 산이 있는 풍경

대반동의 끝에는 국립 목포해양대가 있다. 캠퍼스에 들어가면 부둣가에 정박된 실습선들을 볼 수 있다. 밤에도 선실에 불을 켜놓으니 수상호텔 같다. 올라타면 야간항해를 해서 태평양을 건널 듯싶다. 벤치에 걸터앉아서 밤바다와 건너편 용머리를 보며 하염없이 '물멍때리기' 좋은 곳이다.

몇 년 사이에 대반동에 생긴 해변포차들은 이미 명소가 됐다. 가보니 역시 MZ 스타일 포차다. 기본안주가 넉넉해서 가성비가 좋았다. 여성 비율이 더 높은 듯했고, 바닷바람 쇠면서 마시는 게 상당한 메리트다. 손님이 많아서 늦게 가면 대기번호를 받고 기다려야 할 정도였는데 최근에 정비사업을 하면서 폐점한 곳이 좀 많은 듯하다. 유명한 한일포차는 근현대사 거리 안으로 옮겨서 여전히 성업 중이다. 막걸리를 주전자에 담아서 파는데 안주도 다양하고 신선하다.

보트 선착장 쪽으로 걸어가면 비치 갤러리가 있는데 그 앞 너른 마당에서 등을 환하게 밝히고 야외연주를 한다. 노천에서 한가하게 자리 잡고 맥주 한잔 마시기 좋다. 주머니가 얇으면 바닷가 바로 앞에 있는 편의점에서 한 캔을 사서 바다를 안주 삼아 즐길 수도 있다. 바로 뒤편에는 신안비치호텔이 있는데, 밴드가 연주하는 나이트클럽도 있다. 오래된 호텔이지만 전망이 아주 좋다. 언젠가 눈 오는 겨울에 잔뜩 술에 취해서 잠이 들었는데 아침에 커튼을 여니 파랗게 갠 하늘 아래 눈 덮인 해안선과 섬들이 황홀해서 한참 동안 얼어붙었다. 목포행 여행객들이 부쩍 많아진 바람에 방 구하기가 쉽지 않단다. 겨울에는 실내가 조금 춥다는 의견들이 있는 듯하다. 동명동 내항 앞에 있는 오션호텔도 비치 뷰가 괜찮다.

대반비치의 밤풍경

김민기는 "검푸른 바닷가에 비가 내리면 어디가 하늘이고 이디가 물이냐"고 반문했지만, 이 온순한 다도해 바닷가와 유달산 봉우리에 흰눈이 내리면 섬과 바다와 산이 합쳐져서 온갖 시름과 걱정을 잠시 잊게 해준다. 목포는 동해안 같은 장쾌함이나 남해안 같은 반듯함은 없지만 섬들이 가까워서 정겹다. 어느 시인은 성산포에서는 술은 내가 마시는데 취하긴 바다가 취하고, 바다가 술이 더 약하다고 했는데, 목포 대반동에서 마시다가 만취하면 바다와 섬들은 등을 두드려주며 단잠을 재운다.

고하도에서 바라본 대반동 해안 산책로

12

목포의 섬들

1) 고하도(高下島)-조선의 코튼필드

육지가 된 세발낙지의 본고장

뒷개-고하도-영암 삼호를 잇는 목포대교는 초창기 자살대교라는 오명이 있었다. 해경으로 근무하는 지인에 따르면, 얼마 전에도 오토바이를 탄 청년이 뛰어내려서 수색하느라 퇴근을 못했단다. 다리 위에서 보면 항구와 바다 풍광이 수려해서 그런지 모르겠다. 세상은 박절하고 인생은 항시 고달프다. 뻔뻔하거나 단순해야 천수를 누린다. 가끔 투신하고도 살아서 교각을 붙들고 살려달라는 사람도 있단다.

2012년 목포대교가 개통되면서 고하도는 이제 섬이 아니다. 그 옆 허사도와 함께 바다를 매립해서 목포와 연결되었다. 다리도 있고 유달산과 케이블카가 연중무휴 운행된다. 원래 목포에는 다섯 개의 유인도가 있었다. 지금은 외달도, 율도, 달리도 세 개만 남아서 목포항을 방파제처럼 '캄보이'(convoy) 하고 있다. 현재는 목포시 달동 소속이다.

고하도는 영암, 독천, 해남, 금호도와 더불어 세발낙지의 본고장이다. 기름지고 부드러운 갯벌에는 세발낙지가 허벌나게 꿈틀거렸고, 앞 바다에는 농어, 숭어, 민어가 올라왔다. 그러나 1981년 영산강 하구언 방조제가 완공되자 영산강과 서해는 만나지 못했고, 물길이 바뀌어서 갯벌은 현재 하당 신도심이 되었다. 사실상 그때 원조 세발낙지의 시대는 끝장이 나부럿다. 금호도가 있던 자리에는 오픈 AI 데이터센터와 SK의 컴퓨팅 센터가 들어선단다.

좋은 휴양지가 되려면

이제 고하도는 휴양지로 제격이다. 바깥쪽으로는 다도해와 중국으로 나가는 동중국해의 길목이며, 안쪽으로는 유달산과 목포항이 한눈에 들어온다. 서해안고속도로 종점에 있으며, 목포역에서 차량으로 10분이면 족하다. 이름으로 말하면 고하(高下)에서 고가 유달산이니까 유달산 아래 있는 섬이라는 뜻이다. 이순신 장군 이래 목포 만호진 예하 수군의 거점이 있었다. 지금도 그 건너편에는 해군 제3작전사령부가 주둔하고 있다.

고하도는 낮은 야산(동산)과 약간의 논, 그리고 무화과 밭이 많다. 나무와 숲이 우거져서 산책하기 좋은데, 목포 쪽 바닷가로 산책로 데크가 설치돼 있다. 중간에 전망대가 있어서 올라가면 더

없이 시원한 풍경을 볼 수 있다. 해발 77미터에 불과한 야트막한 산을 따라 해안 트래킹을 하면 '필 소 굿'이다. 목포에서 보면 용머리처럼 보인다.

어릴 적 수영을 잘하는 형들은 대반동 해변에서 용머리까지 물개처럼 왕복으로 수영을 했다. 중간에 힘이 빠져서 허우적거리면 해경이 구해주기도 하고. 영화 〈친구〉에서처럼 '우끼'(트럭 속 타이어로 만든 튜브)를 빌려서 놀기도 하고, 지앙스런(짓궂은) 넘들은 다이빙을 하다가 박이 터지고 그랬다. 지금 아이들보다는 훨씬 강인하고 자연 친화적이었다.

목포와 섬들
고하도는 목포시와 영암군을 연결하는 육지로 매립됐다.

고하도에는 한때 공생재활원이라는 지체장애인 시실이 있었다. 2017년에 목포시 연산동으로 옮겼다. 그 유명한 윤학자(다우치 지즈코) 여사가 만든 재단이 운영한다. UN본부에서 전시회를 열었던 화가 김근태는 그곳에서 지내면서 자폐아들의 마음을 통해 보이는 세상을 그림으로 그렸는데, 5·18의 깊은 상흔을 위로 받았다고 한다.

그리고 국립호남권생물자원관이라는 연구기관도 자리 잡고 있다. 원래 연구기관이지만, 해양동식물 전시관과 놀이시설이 있다. 입장료가 있는데, 목포 시민은 1천 원, 외지 사람은 따블이다. 시설은 깔끔하고 전시한 동식물표본도 꽤 볼 만하다. 천장에 매달아놓은 '뼈다구'는 상괭이(돌고래)다. 1990년대까지만 해도 목포 뒷개바다에 흔했는디, 다 오데로 가부렀는지 지금은 잘 보이지 않는다.

고하도는 반나절 코스 산책로 위락휴양지로 좋은데, 아직은 어수선하고 두서없이 방치된 것 같다는 느낌이 든다. 연륙된 지가 10년이 넘었는디. 무계획 무비전 게으름 탓은 아닌지 모르것다.

가장 큰 문제는 접근성이다. 낭만버스라는 괴상한 투어버스(마을버스)가 한 시간에 한번 씩 고하도에 들어오는데, 그 버스를 타면 없던 멀미도 생길 거 같다. 강력하게 비추한다. 사실상 자가용이나 택시로 올 수밖에 없다. 내가 시장이라면, 목포역과 해변도로에 공공자전거나 전동퀵보드, 전기자전거 같은 개인 이동수단을 배치해서 반나절 동안 고하도를 돌아보게 하것다. 물론 통행로와 트래킹 코스도 마련하고, 편의시설도 유치하것다.

남면북양(南綿北羊)

고하도는 한반도 최초로 대륙 솜을 양산한 곳이다. 문익점이 가져온 재래면과는 다르단다. 1906년 일제가 이 섬에서 아메리카 목화

솜 재배에 성공했다. 이로써 목포는 호남평야의 쌀과 고하도의 목화가 일본으로 반출되는 식민항구가 되었다.

목포는 남면수탈의 본거지였다. 본래 개항 직후 러시아와 일본은 목포와 고하도를 두고 식민침탈 경쟁을 했다. 오카네 냄새가 났기 때문이다. 제국주의자들은 어디서 무엇을 뜯어먹어야 하는지 귀신같이 알아차렸다. 러일전쟁에서 승리한 일본이 차지한 고하도는 조선 6대 상공업 식민도시였던 목포의 심장이었다.

고하도에서 생산한 목화(전시 모형)

'목화체험장'이 있어서 들어가 봤더니 사람이 아무도 없고 마당에 맥락 없는 곰과 얼룩말이 있다. 발길을 돌리는데 미국의 록밴드 C.C.R이 부른 '코튼필드'(Cotton Fields)가 입에서 자동으로 나온다. 미국 남부 루이지애나의 목화밭에서 일하는 가난한 흑인 노동자의 애환을 담은 노래다. 일제 때 목화농장과 제면·제유공장에서 일한 목포의 조선인들도 그랬을까.

마르크스는 자본은 노동을 부르고 노동계급은 자본의 무덤을 판다고 했고, 레닌은 자본주의 최후의 단계인 제국주의가 되면 약한 고리인 식민지에서 프롤레타리아트가 영도하는 민족해방 노동자 민주혁명이 자본주의를 마감시킨다고 설파했다. 적어도 지금까지는 허언에 불과하다. 어쨌든 식민지시대에 일본인이 경영하는 목화농장이 즐겁고 신나는 직장일 수는 없었을 것이다. 미국 영화나 드라마에서 본 미국 남부 목화농장에서 흑인들의 처지가 일제하 조선인의 그것과 크게 다르지 않았을 것이다. 식민지는 본질적으로 슬프고 잔혹하고 야만적인 법이다.

세월호와 고하도

국가안전전시관

고하도에 붙어 있는 신항만 입구에서 세월호가 녹슬어가고 있다. 내년부턴가 세월호 선체를 고하도로 옮겨서 '국가안전전시관'을 만든다고 한다. 지난 시간 동안 세월호가 목포항만에 거치되면서 목포는 싫든 좋든 세월호 사건의 중심이 됐다.

지금도 매년 1월 1일이 되면 진보계열 시민단체는 유족과 함께 세월호 선체 앞에서 추도식을 지내면서 새해를 시작한다. 일부에서는 세월호 추모식 참석 여부와 함께 얼마나 정성과 예의를 갖추는지를 정치적 판단의 척도로 삼기도 한다. 솔까 나 같은 사람은 동의하기 힘든 이야기다. 과도하고 정치적인 의전이다.

누구에게는 표상과 신념의 상징이겠으나, 또한 누구에게는 차마 말 못할 부담과 불편한 금기가 되는 것도 사실이다. 이제 국가 주도로 고하도에 세월호의 영원한 안식처가 마련될 터이니, 아무쪼록 엄숙일변도의 추모시설을 넘어서 국민들, 특히 청소년들에 안전 체험장이면서 온 가족이 함께 찾을 수 있는 시설이 되기를 바란다. 또다시 성스러운 거대한 무덤으로 만들어서는 곤란하다. 죽음은 일상과 조화를 이루며 풍화돼야 삶과 자연스레 공존한다.

고하도 신항만 입구에 정박해 있는 세월호

세월호가 침몰한 원인은 이미 법원 판결을 통해 어느 정도 밝혀졌다. 으뜸가는 원인은 역시 선체 자체 결함 때문이었다. 이미 선령을 초과한 배를 수입한 것 자체가 문제였고, 설계상으로도 안전 문제가 있었다. 항해해서는 안 되는 배가 승객과 화물을 싣고 다녔던 것이다.

세월호 사건 처리에 직접 관계한 몇몇 지인들에게 들은 이야기에 따르면, 불행하게도 오전 11시 전에 탑승객 전원이 사망했다고 보는 게 합리적이었다고 한다. 그랬다면 인양과 수색에 집중하는 게 옳았을 것이다. 그러나 감히 그럴 수가 없었다.

세월호 사건 처리과정은 처음부터 끝까지 혼돈 그 자체였다. 국가는 통제와 관리 기능을 상실했다. 적어도 곁에서 보기에는 그랬다. 아직도 잠수함 충돌설이니 인신공양설 같은 음모론을 굳게 믿는 사람들이 있다. 그런 선동과 음모론으로 돈과 권력을 챙긴 하이에나들은 이제 더 이상 언급하지 말자. 언급할 가치조차 없다.

세월호에서 배워야 할 것

우리는 그 엄청난 사건과 혼란을 겪으며 어떤 교훈을 배웠는가? 누군가의 말처럼 사고선박을 인양하는 기술도, 침몰 원인을 규명하는 노하우도 배우지 못했다. 그 엄청난 대가를 치렀으면서도….

고하도에 조성할 국가안전기념관에서는 세월호 사건의 시작에서부터 현재에 이르기까지 국가와 정당, 언론, 단체는 물론 세월호와 관련 있는 모든 관련자가 어떤 입장과 태도를 보였으며, 구체적으로 어떤 언행과 역할을 했는지 하나도 빠짐없이 기록해서 그 사실을 국민들에게 알렸으면 좋겠다. 세월호를 둘러싼 수많은 억측과 선동, 주장, 논쟁들을 모두 기록·공개함으로서 거짓과 진실을 구분하여 책임이 있는 자에게는 책임을 묻고, 올바르게 역할을 한 사람에게는 상을 주어야 한다.

그리고 직접적인 관계가 없음에도 불구하고 아무 말 없이 세월호를 품어준 목포시와 시민들에게도 어떤 형태로든 배려가 있었으면 좋겠다. 그것이 심정적인 것이든 사회경제적인 것이든 간에. 목포도 2024년 말에 일어난 제주항공 참사로 많은 사람들을 떠나보낸 큰 슬픔 속에 있다. 매년 4월이면 온 도시를 뒤덮는 노란 플랜카드의 물결 속에서 목포 시민에게 고마움을 표시하는 메시지를 제대로 본 적이 없다. 솔까 조금 섭섭하다. 옹졸하다고 욕할지 모르지만 할 말은 할란다.

2) 달리도

개발이 필요한 섬

섬을 단절된 오지라고 하지만 21세기의 섬은 연결된 밀실이다. 큰형격인 고하도는 이미 연륙되어 육지가 되었기에 현재 목포와 가장 가까운 섬은 5.5킬로미터 떨어진 달리도다. 행정구역상 목포시 달동으로 되어 있다.

선창에서 철부선을 타면 20분 정도 걸린다. 배를 타고 바라보는 유달산과 대반동 해변, 해양대학교 풍경이 시원하게 펼쳐진다. 마음이 한결 몽글몽글해진다. 바다를 낀 항구도시만의 장점이다. 목포에서 배를 타면 언제든지 다도해를 여행할 수 있다. 목포에서는 망망대해가 아니라 오밀조밀한 섬 사이를 끼고 도는 짧은 항해다.

달리도는 작은 섬이다. 종횡하는 데 두세 시간이면 충분하다. 배에 자동차를 도선해서 갈 수 있지만, 스쿠터나 자전거, 퀵보드를 이용해서 돌아보면 그 맛이 다를 것이다. 나는 스쿠터를 배에 싣고 갔다.

관광산업에 힘쓴다는 목포시가 오토바이나 스쿠터, 자전거를 이용한 섬 투어 상품을 개발해보면 좋지 않을까? 왜 안 하는지 모르것다. 평생 자동차만 타고 다녀서 그럴 것이다. 사업 마인드가 무사안일주의나 복지부동에서 벗어나지 못한 거 같다. 물론 사고나 안전 문제도 있을 것이고, 법의 문제가 있을 수도 있다. 그런데 그런 거 하라고 나랏돈을 월급 주는 거다.

섬에는 차도 드물고 호젓해서 두 바퀴로 달리기 좋은 환경이다. 천천히 섬 주위를 돌면 기분이 삼삼하다. 경찰도 없어서 헬멧을 벗고 프리스타일로 달릴 수 있다.(그래도 안전을 위해 헬멧은 쓰자.) 달리도에서는 유달산이 바로 눈앞에 보인다.

철부선에서 보는 째보선창
지금 스타벅스 자리다.

섬에서 보는 도시의 느낌은 좀 묘하다. 자못 웅장해서 대륙으로 뻗어나가는 신세계처럼 느껴진다. 섬 아가씨들이 어째서 육지를 동경하고 뭍 남자들의 손을 잡았는지 알 것 같기도 하다. 섬 여성은 대부분 생활력이 강하고 남자들에게 순종적이었다. 요즘은 섬 사람들이 훨씬 잘 산다. 목포에 아파트 한두 채씩은 있다고 한다. 섬은 먹고살 것이 많다. 풍요로운 갯벌과 바다가 주는 혜택이다. 각종 양식에다 해산물이 있고, 거기에 논과 밭도 있다. 부지런하기만 하면 못 살 이유가 없다.

181

정책에는 철학이 있어야

달리도에 특별한 볼거리는 없다. 2019년까지는 전국에서 유일하게 아흔아홉 배미 전통 계단식 다랑이 논이 있었지만 진작에 메워져 오토캠핑장이 돼아부럿다. 그리고 그 캠핑장은 녹슨 채 방치돼 있다. 만약 지금까지 보전했다면 기가 막힌 관광 및 체험교육 자원이 됐을 것이다. 정치와 행정당국이 무식하면 답이 없다. 매향 노들이다. 반드시 책임을 물어야 한다!

어디나 그렇지만 염전과 논이 있던 곳에 시커먼 태양광 패널들이 들어서 있다. 대한민국 농어촌은 이제 에너지 생산공장이다. 바다에는 날개만 200미터가 넘는 거인들이 점령하고 있다. 대한민국은 조선시대 공도(空島) 정책을 반복하고 있다. 농어민은 이렇게 멸종할 것이다.

정취가 있는 해안 길
봄에 벚꽃이 피면 장관이다.

그래도 선착장 옆에는 아담한 펜션이 있고, 섬 동쪽 바닷가에
는 황금알 낳는 거위였던 다랑이 논을 쓸어버린 시영 오토캠핑장
이 있는데, 편의시설에 자물쇠가 채워져 있다. 방치하고 있다는
거다. 정비를 하면 1박 캠핑을 하면서 '불멍'과 바비큐 파티를 하
기 좋을 듯하다. 진입도로도 넓혀야 할 것이다.

지금 달리를 비롯한 목포 앞 섬들은 연륙공사 중이다. 낭만적
인 배 여행은 사라지겠지만 신안-목포-해남은 다리와 해저터널
로 연결될 것이다. 얼마나 발전할지 모르것지만, 앞서 육지가 된
신안의 섬들을 보면 꼭 더 나아질 질 거 같지도 않다. 중요한 것은
바뀐 자연과 사람을 조화시킬 수 있는 철학이다.

달리도 토박이 출신 김창수 사장님 생각이 났다. 목포시 달리
도의 환경파괴와 부실행정에 맞서서 나 홀로 투쟁을 한 지 10년이
넘었다. 고소고발에 청원, 1인 시위 등 안 해본 게 없다. 지금은
대법원에 재항고가 진행 중이란다. 건강도 안 좋으신 분에게 부디
만족할 만한 결과가 있었으면 한다.

3) 율도

/

탐방체험 하기 좋은 섬

율도에서 1박 2일 밤낚시를 하는데, 왕초보인 나는 연거푸 장어가
몰리고, 자칭 꾼이라는 넘은 계속 헛방질이다. 자리를 바꾸자고
해서 그리했더니 고기가 나를 따라온다. 아침에 보니 내 어망에는

시커먼 장어들이 가득하다. ‘아나고’는 씨알이 작아서 썰어 묵고, 구렁이 같은 먹장어로는 매운탕을 끓였는데 맛이 없고 비렸다.

다음날 오후에 철부선을 타고 목포로 돌아왔는데, 동행했던 친구는 사십 문턱에서 고인이 됐다. 자기는 여자도 많이 만나보고 돈도 쓸 만큼 써보고 해서 원이 없다고 자랑하더니 사흘 뒤에 자다가 죽었다. 슬프지는 않았지만 허망했다.

율도는 “눌도”(訥島)라고도 하는데 조그만 섬마을이다. 요즘도 낚시꾼들이 드나드는데 섬 안 쪽에 오토캠핑장 말고는 펜션이나 식당, 카페 같은 편의시설은 없다. 차를 가지고 가서 ‘차박’을 하면서 낚시를 할 수 있다. 목포에서 40분 정도. 거리는 가까운데 철부선 속도가 7~8노트(시속 12~14킬로미터)라서 그렇다.

율도
말 그대로 “머물러 쉬기 좋은 섬”이다.

목포 앞선창에서 달리도-율도-외달도를 순환 경유하는 철부선은 이제 선령이 1년밖에 남지 않았다고 한다. 배 크기에 비해 엔진 마력이 적다는데, 238톤에 500마력. 디젤 배들은 대부분 미제 커밍스 엔진을 쓴다. 엔진 소리가 요란하지만 3층 브리지 옆에서 보니 전망이 좋아서 노래가 절로 나온다. 살아 있어서 이런 호사를 누린다. 초등학교 때 아부지를 따라서 배를 타고 해남 금호도 해수욕장에 놀러간 생각이 났다.

주 승객인 섬 주민이 적으니 수지가 맞을 리 없고, 목포시에서 보조해주지 않으면 적자누적으로 운행이 불가능하다. 섬 주민의 운임이 1천 원이다. 지역사회의 큰 일꾼으로 활약 중인 이형완 시의원에 따르면, 목포 시민을 대상으로도 1천 원 운임제를 추진 중이란다.

목포와 주변 섬을 이어주는
철부선

목포 시민 중 80퍼센트는 아마 이 섬에 가보지 않았을 것이다. 초중고 학생 대상으로 탐방체험 학습 프로그램부터 준비했으면 좋겠다. 시민들부터 자기 지역을 알아야지 여행 온 손님들에게 자신 있게 소개할 수 있다. 현재 공사 중인 연륙교가 완공되면 철부선이 필요 없어질 테지만, 그래도 선박을 이용한 섬 투어를 기획하면 나름 의미 있는 성과를 거둘 수 있을 것이다.

지극히 낭만적인 섬

율도는 도로사정이 좋다. 안쪽으로 달릴수록 호젓하고, 도로 양쪽으로 갈대밭이 펼쳐져 있어서 분위기가 있다. 아담한 드라이브 코스다. 노면이 깔끔하고 평지에 완만한 커브가 이어져서 자전거나 스쿠터로 하이킹을 하면 한결 상쾌한 기분을 느낄 수 있다. 해변에 그늘막이나 카페식 동네슈퍼라도 생기면 한나절 놀다오기 딱 좋다. 서해바다 낙조가 이곳에 반사되어 목포 시내를 비춘다. 노을 진 바다 섬은 심원해진다.

배는 좁은 수로 사이로 세 개의 유인도를 지나는데 손을 뻗으면 마을과 갯바위가 닿을 듯해서 마치 호수를 유람하는 느낌이 든다. 율도 선착장 건너편에 있는 1킬로미터 남짓한 둑길도 운치가 있고, 그 아래 작은 방죽 옆에 김성남 정원도 있다. 다만 관리가 되지 않아서 황량했다. 율도는 섬 가운데 평지가 많아서 논농사를 많이 짓는다.

달리도와 마찬가지로 율도 분교도 폐교가 됐다. 2024년도부터 비어서 그런지 아직 깨끗하다. 그대로 묵히지 말고 편의시설 등으로 활용하면 좋지 않을까 한다. 한때 폐교를 활용한 문화관광시설이 유행처럼 번졌으나 지속적인 성공 사례는 많이 보지 못한 듯하다. 별로인 듯싶다.

오래 전 선배가 해남 어디에 있는 폐교를 매입해서 기숙형 고시원을 차릴 예정이라고 해서 극구 말렸다. 공무원 선발도 시험이 아니라 스펙과 면접이 중시되고, 그나마 인기가 식어버렸는데 말리기를 잘한 일이다. 사법고시는 이미 없어졌고, 수능이나 공시도 무력화된 게 과연 실질적인 평등 실현과 어떤 관계가 있는지 모르겠다. 시험방식이 바뀌었을 뿐 경쟁이 완화된 것은 아니지 않는가.

법전만 파서 합격한 고시 출신은 법기술자이고, 로스쿨 출신은 인간과 세계에 대한 깊은 이해를 갖춘 법조인이 됐는가. 전혀 아니다. 로스쿨은 스펙과 학벌을 갖춘 중산층 이상의 자식들을 위한 신분제 음서 리그 같다. 그나마도 세금으로 장학금을 받는 공립 고시학원이 됐다는 비판이 끊이지 않는다. 어떻게든 제도 보완이 필요하지 않을까 하는데, 쉽게 되지는 않을 것이다.

선착장 반대편 캠핑장 갯가에 쭈그리고 앉아서 반짝이는 물결을 보노라니 세상 시름과 걱정 모두 아득해진다. 오래 전에 끊은 담배를 한 대 피워 물면 한 줌 같은 희노애락이 연기처럼 흩어질 것 같다. Across the universe~ Jai guru de va om~.(지혜로운 스승이시여 깨달음을 주소서~.)

4) 외달도

외로운 섬, 그러나 징하게 아름답당께

외달도는 목포 소속 유인도 중에서 가장 면적이 작은 섬이다. 달리도 바깥에 방파제처럼 붙어 있어서 외(外)달도라고도 하고, 외로운 섬 또는 달리도 바깥에 있다고 "밖다리섬"이라고도 한다. 목포에서 약 7킬로미터 가량 떨어져 있는데 철부선으로는 채 한 시간도 안 걸린다.

세발낙지 모양의 편편한 섬이다. 원래 목포는 갯벌 해안이라서 해수욕장이 발달하기 어려운 조건인데 외달도에는 1920년대부터 해수욕장과 유원지가 있었단다. 1700년대에 이미 거주자들이 입도했다는 주장이 있는디, 아마도 조선 백성들이 자신의 땅과 갯가를 찾아서 이 궁벽한 섬까지 흘러들어왔을 것이다. 아니면 풍파에 시달려서 세상을 등진 어느 필부가 숨어들었을 수도 있고. 강원도 함경도의 두메산골에는 화전민이 몰려든 것처럼.

외달도 등대

무정부 상태와 탈세를 우려한 조선 정부는 기를 쓰고 공도정책으로 섬 주민을 육지로 내몰았지만 전라도 서남지방 바다에 모래처럼 흩어진 수천 개 무인도를 단속하기는 역부족이었을 것이다. 1885년 영국 동양함대가 2년 동안 여수 앞바다 거문도를 불법 점령했을 때도 조선은 청나라가 통보해준 뒤에야 비로소 알았다.

섬은 육지와는 다른 독특한 문화와 습관들이 있다. 고립과 폐쇄, 자력갱생과 결핍이 낳은 결과일 것이다. 전남 지방의 섬들에 대한 체계적인 기록은 일제시대 일본 학자들이 해군 군함을 타고 다도해를 돌면서 조사한 결과다. 제국은 식민지에 정통하다.

지금 전남의 섬들은 태양광, 풍력으로 신재생 에너지를 생산하는 전기공장이 되고 있다. 화석연료와 원자력 퇴출이라는 대의명분에 누가 감히 토를 달겠는가. 그렇게 꼬장꼬장한 환경단체들도 애써 눈을 감고 프리패스 하는 판국인디. 정부와 언론, 시민단체 등은 '햇빛연금'이나 '바람연금' 같은 주민이익 공유제와 농어촌 기본소득을 대안으로 제시하지만, 과연 논, 밭, 염전 어장을 포기한 대가로 충분한지 생각해봐야 한다. 그리고 무엇보다 농어촌의 기본 터전을 밀어버리고 공장으로 전용하는 게 과연 옳은지 근본적으로 따져봐야 한다.

섬과 농촌의 환경을 기후위기 해소를 위한 제물로 바치는 게 생태정의인가 묻고 싶다. 고령화를 넘어 조고령화된 주민들에게 보상금과 약간의 연금을 주고 동의서명을 받고 난 다음 농어촌을 송두리째 에너지업자들에 넘기면 21세기판 공도가 되는 것은 불문가지다. 이 나라의 일등 국민인 수도권 사람들은 눈곱만큼의 관심도 없을 것이다. 전기만 싸고 안정적으로 공급된다면.

가족 여행에 적당한 섬

외달도에는 해수풀장이 있다. 자연 해수욕장도 있는데 크지는 않
지만 수심은 완만하고 앞이 트여서 조용하고 실속 있게 즐길 만
하다. 뒤쪽으로는 숲과 트래킹 코스가 있다. 모래사장 맨 끝에 등
대가 있는데 밀물이 들기 전에는 갯바위를 따라서 건너갈 수 있
다. 1908년에 만들어진 목포구(木浦口) 등대도 있다. 바다 건너 해
남 화원반도가 보이고, 주광낙조라는 주광리 석양 풍경이 일품이
다. 등대는 두 개 있는디, 뒤에 목조 등대가 원조 구 등대다. 현재
도 가동하는 신 등대로 갈 때는 바닥이 미끄런께 나 같이 얼빵하
게 자빠져서 핸드폰 깨지고 손목을 삐지 마시라.

한옥 민박
보기만 해도 멋지다.

　해수욕장으로 오가는 해안도로는 짧지만 낭만이 있다. 커브를
돌자마자 옥색 바다가 확 다가올 때 감동이 밀려온다. 그 앞에 떠

있는 작은 섬인 별(別)섬은 그림엽서 같다. 물이 쓰면(빠지면) 걸어서 갈 수 있다니께 연인이나 가족들과 손잡고 걸어보시랑께. 겨울과 가을, 그리고 봄 바다를.

외달도에는 펜션마을이 있다. 그중에 바닷가에 바로 붙어 있는 한옥 민박집은 자못 그림이 나온다. 정원에는 연세 지긋한 해송과 정돈된 잔디밭이 있고, 엎어지면 모래사장이다. 아침에 자고 일어나 문을 열면 수평선이 보인다. 5인 기준 주말에 50만 원 정도 한다. 그 뒤쪽에 있는 가정식 또는 원룸식 펜션은 그냥 7만 원이라고 촌장님이 안내한다. 맨손으로 와도 된단다.

외달도 산책로
상당히 운치가 있다.

철부선 여객장과 이런저런 얘기를 하는데, 섬을 찾은 방문객들이 이구동성으로 하는 말이 "섬에 가니 뭐 할 게 없다"는 반응이란다. 솔까 목포의 섬들이 발리나 세부도 아니고, 에메랄드 물빛과 장대한 선셋이 있는 곳도 아니다. 내가 돌아본 인상은 일단 너무 방치되어 있다는 거다. 예산타령만 하면서.

달리도-율도-외달도는 목포 도심 바로 코앞에 있는 작은 섬들이다. 연락선을 타고 좁은 수로를 돌면 섬들은 손에 잡힐 듯해서 아일랜드 사파리가 된다. 그것이 다도해 크루즈다. 전기자전거나 퀵보드 등을 비치해서 각 섬들에 있는 해안길을 트래킹 하고 외달도 민박촌에서 1박 2일 묵게 한다면 힐링이 있는 짧은 섬 여행이 될 것이다. 무엇보다 도시가 빤히 보이는 이 작은 섬들은 고립감 대신 안정감과 색다른 체험을 안겨줄 것이다. 마치 집 마당이나 앞 공원에 텐트를 친 것처럼.

13
영산강

반란의 꿈을 머금은 물결

고교시절에 '기통생'들이 있었다. 무안에서 기차로 통학하는 친구들인디 명산, 몽탄, 사창. 일로 출신들이었다. 기차시간을 핑계로 아침에 늦게 오고 저녁에 일찍 가서 참 부러웠다.(일부러 입을 맞춰서 늦게 왔다.) 그래서 오는 지역에 따라 '몽기통', '명기통'이라고 놀리기도 했는데, 성씨로는 임씨, 오씨, 서씨가 많았다. 성씨 집성촌이 그쪽에 있었기 때문이다. 그들이 탄 완행열차는 영산강(榮山江)을 따라서 목포로 들어왔다.

영산강은 나주 영산포에서 유래한다는데, '꽃피는 산을 끼고 흐르는 강'이라는 뜻이렷다. 장성, 광주, 화순, 나주, 함평, 부안, 영암을 거쳐 목포를 통해 서해로 합류한다. 인생은 강물처럼 계곡의 샘물에서 발원하여 지류와 본류를 만들고 숱한 여울목을 지나서 바다로 열반해야 하는데. 돌이켜보니 보잘것없는 삶이 부끄럽기 짝이 없다.

장성의 황룡강, 광주와 송정리를 가르는 극락강은 영산강 지류인데, 나주와 함평의 경계에 있는 고막포와 함께 갑오년 농민군의 주전장이었다. 우금치의 참패 직후 배상옥 장군이 지휘하는 남도 농민군은 고막포에서 나주성으로 진격했지만 경군과 민보단(양반 토호들의 민병대)에게 학살당했다. 다수는 총격을 피해 영산강에 뛰어들었다가 익사했다. 최후의 전투였다. 생포된 자들은 나주성으로 끌려가서 혹독한 고문과 학대 끝에 일본군 미나미 부대에게 총살·참수당했다. 일본군 참전병사는 "한겨울에도 학살된 농민군의 허연 뇌수가 땅바닥에 굳어 있었다"고 기록했다. 시신이라도 수습하려면 가족들은 가축이나 가재도구를 팔아서 뇌물을 바쳐야 했고 처와 딸들은 진압군의 성노예로 팔려갔다.

영산강 하류
사진 속 다리는 부산으로 가는 철교로, 아직 건설 중이다.

나주는 호남 지역 중 유일하게 농민군의 공세를 버틴 난공불락의 도읍이었다. 나주목사 민병렬은 민비의 친척이었다. 민보군 사령관 정 아무개는 그 공로로 현감 벼슬을 받았지만 이듬해 일본군과 마찰 끝에 총살당했다.

　동학의 지도자 손병희는 우금치의 선봉장 이용구를 데리고 일본으로 망명했다가 러일전쟁 때 일본군에게 성금을 내는 등 일본을 지원했다. 이용구는 동학을 기반으로 일진회를 만들어서 한일합방을 청원했다. 그러다 손병희는 이용구를 파문했고, 3·1운동을 주도했다. 역사란 게 그렇게 복잡다단하고 허망하다.

강변 따라 굽이치는 사연들

일로읍 몽탄(夢灘)은 '꿈여울'이다. 견훤과 '맞짱' 뜨러온 왕건이 꿈속에 본 여울에서 수공전을 벌여서 막강한 후백제 수군을 궤멸시킨 뒤 붙은 지명이다. 나주는 후백제 영토에 박힌 고려의 가시였다. 마치 동학 때처럼 견훤이 끝내 함락시키지 못했다.

영산강 지류

몽탄은 이름만큼이나 아름다운 강변이다. 굽이치는 여울을 걷노라면 반짝이는 물결이 부드럽다. 봄에는 꽃이 피고 가을에는 갈대밭이 펼쳐진다. 그 아래는 연꽃 방죽이 있고, 삼거리에 맛집 백반집이 있었는데 지금도 있을랑가 모르것다.

영산강은 강변도로가 정비되어 자전거족들의 천국이다. 목포서 출발해 일로를 거쳐 나주 동강 쪽으로 가는 루트가 수려하다. 특히 일로, 청호리, 죽산리를 지나는 강변 투어코스 건너편은 가지섬이고 영암 서호리인데 영산강 하류가 넓고 탁 트여 있다. 자전거, 오토바이, 자동차를 타고 강바람, 꽃바람을 맞으며 지나면 영혼이 정화될 것이다. 어디 영혼만이겠냐.

강 건너서 영암 쪽 도로 또한 한적한데, 가다 보면 옛 학파농장이 나온다. 남도의 대지주이며 민족자본가였던 현씨 집안 소유였다. 일제 때 간척된 곳인데 현대그룹 현정은 회장이 그 손녀다.

강변을 달리다 보면 함평 기아 타이거즈 2군 캠프가 나온다. 가

영산강 타이거즈

끔 퓨처스 리그가 열리는데 관람료는 없다. 조경이 솔찬하다. 50년 야구광인데 실제 직관은 딱 한 번뿐이다. 팔다리에 힘 있을 때 애인과 함께 한국과 일본, 메이저리그 야구장을 돌아보는 게 버킷리스트에 있다만, '광주기아챔피언스필드'라도 가볼랑가 모르것다.

목포에서 9급 공무원을 하다가 독학 1년 만에 서울대에 간 후배 아무개는 뜻을 펴지 못한 채 나와 어울려서 무일푼 한량 짓을 하다가 지금은 인생이 풀렸는지 한우 '투플' 소고기를 사준다. 개털 시절부터 일주일에 두 번씩 영산강변을 드라이브하는데 볼수록 아름답고 달릴수록 차분해진단다.

영산강 가는 길에는 매력적인 작은 미술관들이 있다. 죽산리에는 '구슬나무 미술관'이 열려 있고, 청호리에는 '못난이 미술관'이 있다. 호젓한 시골길에 있어서 나무도 좋고 공기는 청명하다.

구슬나무 미술관(관장 박영도 작가)에서는 5월 말일에 큰 콘서트가 열린다. 모두 무료개방이다. 패밀리코스는 물론이고 데이트코스로 강추한다. 일로읍에는 '백련문화센터'가 있는데 센터장이 노동운동 선배다. 품바의 본산인 일로읍 내 시장통에는 맛난 백반집들이 많다. 역시 강추한다. 영산강 부근 한적한 곳에는 독특하고 아담한 찻집들이 허벌나다. 간선도로를 따라서 가다보면 찾을 수 있다. 상호를 말하긴 그렇지만 어딜 가든 실밍힐 일온 없을 것이다.

14

시네마 목포

1) 하이틴 영화의 추억

진짜진짜 잊지마

70년대에 크게 히트 친 하이틴 영화 삼부작이 있다. '잊지마-미안해-좋아해'로 이어지는 이른바 '진짜진짜 시리즈'였다. 그중 1탄이 〈진짜진짜 잊지마〉(1976)였는데, 엄청난 성공을 거두었다.

임예진, 이덕화, 진유영 주연에 신구, 김보연, 김윤경 등이 출연했다. 문태고가 주 무대였다. 유달산 자락의 덕인고와 혜인여고에서도 촬영했다. 임예진이 혜인여고 학생으로 나왔다. 당시 임예진을 봤다는 고딩 형들이 수두룩했다.

임예진은 당대 최고의 슈퍼스타였다. 남진과 조미미를 빼면 목포에서 연예인 보기가 쉽지 않은 시절이었으니 오죽 난리가 났것는가. 이덕화·임예진 콤비는 후속작인 〈진짜진짜 미안

해〉(1976)까지만 함께 나왔다. 1977년에 이덕화가 오토바이 사고
를 냈기 때문이다.

영화 속 목포 풍경

영화 곳곳에 1975년의 목포 풍경이 고스란히 담겨 있다. 문태고
뒤 안장산에서 이덕화와 진유영이 넋두리를 하는데, 그 앞으로 왕
자산의 굴뚝과 초지 늪지가 보이고, 시계탑과 농약사, 약국 등이
즐비하던 목포역 광장이 보인다. 문여송 감독이 목포와 무슨 인연
이 있었다는 소문이 있었다. 영화에는 기차역이 자주 나온다. 목
포역뿐 아니라 나주의 영산포인가 고막원역도 나오는데, 주인공
들이 기차 통학생이라는 설정 때문이었다.

영화 속에 등장하는
목포역

　　영화 스토리는 청소년들의 고뇌와 방황, 극복의 서사, 그리고
건전한 연애가 나온다. 유신시대의 계몽성은 그 정도 수위밖에 허
용하지 않았다. 건전한 이성관계를 위해서 두 주인공의 담임선생
들이 만나서 교외선도 활동을 한다. 결국 훗날을 기약하면서 둘

은 헤어졌지만 학교를 졸업하고 어른이 되고 나서 이덕화가 찾아가지만 임예진은 폐렴으로 이미 죽었다는…. 어린 내 생각에도 영화 마무리가 황당했다. 그렇게 죽고 못 살면서 죽기 전에 왜 알리지 않았는지 의문이 들었다. 헤어진 다음에 전화 한 통 편지 한 장도 없었는지. 마지막은 「소나기」의 윤 초시네 손녀딸 스토리를 베낀 건가?

〈진짜진짜 잊지마〉 포스터
포스터 밑에 "목포 현지 촬영"이라고 써놓았다.

불편한 진실

70년대 초반 목포고에 다니던 사촌형님은 연애박사였다. 목포여고 학생과 서울로 야반도주를 했는디, 돌아올 때는 다른 누나를 델고 왔다. 키가 작고 서울말을 쓰는 그 누나가 내 손을 잡고서 목포역 기관차 사무소 앞 석탄더미에 올라서 함께 걸어다닌 생각이 난다. 물론 그 누나와도 얼마 후 헤어졌다. 형님은 서울에 큰 빌딩을 올렸지만 60대 중반에 암으로 돌아가셨다.

그러고 보니, 온갖 미디어와 개방의 천국인 21세기 코리아에 오히려 청소년 영화나 드라마가 별로 보이지 않는다. 있어봤자 짱과 통, 괴롭힘과 왕따를 참교육 하는 '힘숨찐' 히어로 같은 학교 폭력과 범죄 일탈이 주류다. 간혹 현실 문제를 제대로 짚는 영화나 드라마가 나오더라도 상을 받을 뿐 흥행에는 성공하지 못한다. 불편한 진실을 보는 건 불편한 일이니까. 문제를 제기하지만 도저히 해결은 할 수 없는….

목포마리아회
고등학교 등교 풍경
(70년대 말)

이미 학교 현장은 대학입시와 집단 괴롭힘 등 약육강식의 질서가 지배하는 세상이 됐기 때문일까. 의협심, 정의감, 세상과 인생에 대한 고민과 소통 같은 건 이제 아이들 세상에 존재하지 않는 단어가 돼버린 거 같다. 더 이상 대한민국 청소년이 4·19나 5·18 때처럼 혁명과 저항의 선두에 설 수 없을 것 같다.

어른이고 애들이고 간에 나약해지고 약삭빨라졌다는 생각이 든다. 아침마다 운동 유니폼 비스무리한 반팔 반바지를 입고 등교하는 아이들을 본다. 편하기는 하겠지만 최소한의 격식을 갖춘 교복을 입으면 어떨까 싶다. 복장에 따라서 의무와 격식, 마음가짐이 달라지기 때문이다. 예전에는 교복 입은 중학생도 절반짜리 어른 대접을 받았고 나름 의젓하게 행동해야 한다는 생각을 했었다. 촉법소년이니 뭐니 하는 보호를 받아야 할 아그들만은 아니었다.

2) 코믹한 조폭들

/

목포는 정말 조폭의 도시인가?

장동건의 출세작 〈친구〉(2001)와 최민식의 〈범죄와의 전쟁〉(2012)에 나오는 부산 조폭들은 하드보일드하고 리얼하다. 거칠지만 아쌀하면서도 거침없는 건달 행님들이다. 부산 못지않은 조폭영화의 무대가 목포다.

〈목포는 항구다〉(2004), 〈롱 리브 더 킹〉(2019), 〈더킹〉(2017)은 목포를 무대로 하거나 목포 조폭이 주연으로 나온다. 목포 조폭은 대부분 코믹하다. 보스는 인정과 의리가 있게 묘사되지만 현실성은 떨어진다. 부산 건달들이 카리스마 있는 악역이라면, 목포 건달들은 선량(?)하고 순수하지만 경박하고 무식한 캐릭터다.

〈더킹〉에 나오는 목포 관련 내용 중 일부가 지나치게 폭력적이고 잔인하다고 해서 목포시에서 영화사에 항의를 하기도 했단다. 〈목포는 항구다〉에서 보스로 나오는 차인표는 목포 사투리를 찰지게 구사한다. 지역문화운동을 하는 이방수, 손재오 선배가 지도했는데, 촬영이 끝나고 융숭한 대접을 받았다고 한다.

〈목포는 항구다〉 포스터

조작된 이미지는 이제 그만!

영화나 드라마는 관객들에게 가상과 현실의 경계를 무너뜨려서 지역 이미지를 만들고 고착시키기도 한다. 영화 〈1987〉(2017)에 나오는 '연희네 슈퍼'는 아이유가 주연한 드라마 〈호텔 델루나〉(2019) 촬영지처럼 서산동을 핫플레이스로 만들었다. 영화에 등장하는 코믹한 조폭들 때문에 목포는 촌스럽고 약간 멍청한 깡패들의 도시로 비춰지기도 한다. 그러나 실제로 목포에 그렇게 낭만적이고 유쾌한 조폭들은 없다. 현실에서 깡패들은 경찰과 법률의 감시와 통제를 받아야 할 잠재적 범죄자일 뿐이다. 김두한 같은 민속깡패는 허상이고, 방배추 같은 협객은 이제 없다. 어디에서나 깡패는 폭력적이고 야비할 뿐이다.

〈1987〉 속에 등장하는
연희네 슈퍼

영화는 영화일 뿐이므로 지역 현실을 왜곡했다고 비난할 필요는 없지만, 서울이나 수도권 대도시에서 볼 때 전라도 구석에 있는 촌티 나는 항구도시 목포가 의리와 정의가 살아 있는 올드 타운으로 비춰지는 게 그리 유쾌하지만은 않다. 감독들은 오히려 목포에 대한 폭력적인 이미지를 희화화해서 우직하면서도 유머스러운 일상을 살아가는 순진무구한 촌놈들의 도시로 만들 의도였는지도 모르겠다.

예전에 군대에서 전라도 출신들을 "하와이"라고 부르는 경우가 있었다. 대한민국은 맞지만 뭔가 본토와 떨어져 사는 2류 촌놈들의 지역 같다고 무시하는 멸칭이었다. 코믹 조폭물에서 묘사되는 목포는 마치 하와이 같은 느낌이 든다. 코믹 조폭물로 과장해서 가공한 다음 관객들에게 그런 의도로 소비되게끔 해서 이미지가 고착되는 영화나 드라마는 이제 그만 나왔으면 좋겠다. 깡패는 개그맨이 아니다. 얼마 전에 나온 드라마 〈파인〉(2025)의 경우도 별반 다르지 않았다.

드라마 〈파인〉과 신안 해저 유물

2025년에 인기리에 방영된 드라마 〈파인〉은 1970년대 후반 신안
군 증도 인근에서 발굴된 송원(宋元)대 유물을 소재로 삼은 코믹성
느와르 범죄물이다. 드라마의 공간적 배경 중 3분의 1이 목포다.
지금은 관광여행지로 바뀌고 있는 구 선창과 서산동, 영해동, 수
강동 등에서 촬영했다.

　1976년부터 해군을 동원해서 본격 발굴한 해저유물은 현대판
노다지였는데, 워낙 고가였던 탓에 드라마처럼 수많은 도굴꾼들
이 목포에 진을 쳤다. 드라마 제목에서 ‘파’(巴)가 꼬리라는 뜻이어
서 ‘파인’(巴人)은 삼국지에 나오는 촉나라 사람들을 깔보는 멸칭
에서 유래한 ‘깡촌놈’이라는 뜻이다. 온갖 협잡꾼과 잡놈이 목포와
신안에 모여들어 일확천금을 노려서 제목을 그렇게 달았는가 싶
다. 공교롭게도 증도에는 엘도라도(El Dorado, 전설 속의 황금의 나
라)라는 유명한 리조트가 성업 중인데, 해저 유물과 무슨 연관이
있는지는 모르겠다.

　드라마에 나오는 등장인물들은 동맹을 맺거나 적대하지만 각
자도생으로 속고 속이며 죽고 죽이지만 그 끝은 허망한 파멸이다.
전형적인 엘도라도 무비스타일이다. 아름다운 도자기들은 저주받
은 해저 황금이었다.

　당시가 그랬지만, 신안 해저유물 발굴사업도 청와대와 중앙정
보부가 직접 챙기는 국가사업이었을 것이다. 당대 공화당 실세나
정치인, 재벌 집에는 웬만하면 신안유물 한두 점씩이 있다는 소문
이 파다했다. 도굴꾼의 손을 거쳐 일본으로 넘어간 A급 유물들도

솔찬하다는 이야기도 많았다.

10여 년 동안 발굴된 유물은 현재 목포 갓바위 문화예술거리에 있는 국립해양유산연구소에 전시돼 있다. 넓고 쾌적한 전시관에 가면 14세기 중국에서 출발해서 신안 앞바다를 경유, 일본으로 향했던 무역선에 실려 있던 유물을 무료로 볼 수 있다.

드라마 자체는 일부 고증상의 문제를 제외하면 꽤 재미있었다. 목포를 시골 포구나 작은 읍내처럼 묘사했지만 당시에 이미 인구 20만에 달하는 도회지였다. 서울 사람들은 지방을 너무 변두리처럼 생각하고 묘사하는 습성이 있는 것 같다. 어쨌든 낯익은 풍경들이 나와서 반가웠고 배우들의 연기도 좋았다. 시즌2를 기대한다.

당시 무역선과 유물들 (국립해양유산연구소)

15
갱스 오브 목포

1) 느와르시티 목포

/

서울로 간 건달들

어디나 항구도시는 거친 냄새를 풍긴다. 일본 야쿠자 중에서 가장 세력이 큰 야마구치구미의 본거지가 고베 항구이듯, 미국 마피아 역시 부두 노조와 결탁해서 성장한 역사가 있다. 부두 하역 노동자들 사이의 이권과 통제를 둘러싸고 조직폭력단이 생겨났는데, 한국의 항구 도시도 예외가 아니다. 항구에서 사내들은 말과 행동이 거칠어진다.

목포는 개항 이래 조선팔도와 일본에서 기회를 찾아서 몰려든 온갖 사내들과 여인들이 복작거리던 신흥도시였다. 한탕과 유흥, 폭력이 난무했을 것이다. 큰 바다로 나가는 근대식 항구가 있는데다 만주 대륙으로 나아가는 호남선 철도의 출발역이었으니 온갖

"

인간 군상들이 뒤섞여 갖가지 드라마가 펼쳐졌을 것이다.

1960년대 이후 경제성장 과정에서 낙후와 침체의 그늘에 갇힌 목포는 전남 서남권 이촌향도의 터미널이 됐고, 젊고 기운이 넘치는 청년들은 서울 무교동에 자리 잡은 '번개파' 선배들을 따라서 서울의 뒷골목으로 유입됐다. 특히 복싱과 유도 등을 익힌 체육청년들이 선순위로 픽업됐다고 한다.

1975년 사보이 호텔 사건으로 호남파들의 전성시대가 열리자 명동은 출세를 꿈꾸는 목포 예비건달의 성지가 됐다. 조양은보다는 김태촌 계열이 더 많았다고 한다. 실제로 내 연배에서 건달생활로 자리 잡은 사람들은 서울보다는 안산, 인천 쪽이 더 많다. 십대 후반부터 깡패생활을 시작해서 오십이 넘어서 벤츠나 BMW 같은 외제차를 굴리는 넘들은 손에 꼽기도 어렵다. 스폰서를 잘 잡거나 조강지처를 잘 만난 축들은 그나마 사장 소리를 듣고 살지만, 두 번 이상 징역을 들락거린 건달들은 쉽게 늙고 병든 퇴물이 된다. 건달인생은 불나방 인생이다.

깡패는 사회악일 뿐

지금도 목포를 뒷골목 깡패들이 설치는 위험한 조폭도시로 오해하는 시각이 남아 있다. 그렇지만 실제로 그랬던 적도 없고 그렇지도 않다고 항변하고 싶다. 깡패들은 논두렁부터 강남까지 세상 어디에나 기생하고 있다. 그리고 제대로 배운 '깍두기'들은 민간인들의 세계로 좀처럼 내려오지 않는다.

마피아가 미국 이민자 중 최하층이던 이탈리아계와 아일랜드계에서 탄생하고 창궐했듯이, 재일 조선인 청년들이 오사카와 히로시마, 도쿄에서 야쿠자의 돌격대 노릇을 했듯이, 월남한 서북 청년들이 시라소니를 앞세운 명동파가 됐듯이, 서울과 수도권으로 몰려든 팔도 사나이들 중 가장 밑바닥 지위를 차지했던 전라도 청년들이 그악스럽게 물불가리지 않고 궂은일을 도맡아 했던 사연이 호남깡패의 역사를 낳은 정치적·경제적 배경이다.

신민당 전당대회
각목난동사건(1976)

지금은 많이 달라졌다고 하지만, 얼마 전까지만 해도 영화나 드라마에 나오는 깡패, 좀도둑, 사기꾼의 8할 이상은 약속이나 한 듯이 전라도 사투리를 썼다. 고약한 혐오와 왜곡이었다. '전라디언'은 사실상 불가촉천민이었다. 사장님과 사모님은 경상도 사투리를, 운전기사와 식모는 전라도 사투리를 썼다.

용팔이와 김태촌 등은 자신들의 고향을 대놓고 자별했던 군사정권의 앞잡이가 돼 야당을 상대로 폭력을 휘두르는 정치깡패 노릇을 하기도 했다. 예를 들면, 1976년 신민당 전당대회 각목난동사건은 중앙정보부가 기획했고 경찰의 지원과 비호가 있었다.

1970~80년대 군사독재의 따까리 정치깡패 행동대는 대부분 호남파 조폭이었다.

그렇게 하층민에게는 저항과 똥개의식이 공존한다. 정치깡패들은 가진 자와 권력자들의 가장 밑바닥 앞잡이에 불과했다. 약강강약의 전형적인 예다. 그래서 깡패는 사회악이다. 호남에서도 목포에게 '조폭소굴'이라는 낙인이 찍힌 결정적 사건은 1986년 여름 강남에서 벌어진 이른바 '서진 룸살롱 살인사건'이었다,

2) 서진룸살롱 사건

목포에 조폭 이미지를 덧씌운 사건

1986년 여름 나는 서울에 있었다. 화곡동에서 친구와 자취하면서 학교에 다니고 있었다. 방학 중이었는데, 이 사건이 터지자 신문과 방송에 도배가 됐다. 정말 쇼킹했다. 경찰력이 강한 한국에서 생각하기 힘든 '조폭들 간의 전쟁'이었다. 모두 네 명이 현장에서 잔인하게 살해됐다.

며칠 후 노량진 장승백이에 있던 막걸리 집에 갔는데, 순천 출신 사장님이 나에게 담근 술을 따라주면서 "고향 사람들끼리 객지 나와서 뭔 짓이여"라고 한탄했다. 할 말이 없었다. 학교에 가면 "목포 사시미"라는 고약한 놀림도 있었다.

이 사건의 피해자와 가해자 모두 20대 목포 청년이었다. 알려졌다시피 원래는 기습당한 피해자들이 서방파 계열의 족보가 있

는 유명 건달들이었다. 고인이 된 건달들은 강력계 형사들도 인정하는 싸움꾼이었다. 장 아무개는 대성동 출신인데, 동네 후배들에게 신망이 있었다. 사건 당일은 고 아무개의 교도소 출감 파티 자리였다.

가해자들은 목포 출신 유도대학 선후배로 구성된 신흥조직이었다. 이들은 몇 달 전 목포 오거리파 두목에게 하극상을 했다가 궁지에 몰려 있는 처지였다. 그날의 참극도 우발적인 사건이 아니라 피해자 측을 반대파로 오인한 결과였다는 주장이 있다.

사무라이처럼 아침에 피었다가 저녁에 지는 '사쿠라 인생'을 살고 싶었던 유도대 출신의 조폭들은 '니뽄도'와 '사시미칼'로 무장하고 습격했다. 이 사건으로 모두 여섯 명이 목숨을 잃었다. 네 명은 습격으로 나머지 두 명은 사형집행으로. 피해자들이 워낙 싸움 실력이 뛰어나서 역습을 우려한 가해자들이 다짜고짜 연장을 들고 잔인하게 과잉공격했다는 말도 있었다. 아마 폭력의 순간만큼은 인간이 아니었을 것이다.

사건 이후

엄청난 후폭풍이 몰아쳤다. 그들 모두의 고향인 목포는 아닌 밤에 홍두깨를 맞은 격으로 크나큰 이미지 손상을 입었다. 전두환 군사독재 치하에서 전라도 차별과 혐오는 뜻하지 않은 '호재'를 만나서 더욱 기승을 부렸다.

가해자 측 두목은 내가 나온 고교의 유도부 출신이었다. 그 조직원 중에는 내 또래도 있었다. 대한유도대학은 사건 이후 아예 교명을 용인대학으로 바꿨다. 이 사건이 있고 나서 얼마 후에 나는 시국사건으로 교도소에 갔다. 나중에 안양교도소로 이감을 갔던 선배에게 들으니, 같은 사동에 있었던 행동대장 김동술은 부두목인 장진석에게 조석으로 깍듯이 문안을 챙겼다고 한다.

다음해 출소해서 가끔 들르던 탁구장에 갔더니 자주 오던 여고생의 오빠가 이 사건으로 수감 중이라고 했다. 집안이 어려웠는데 오빠가 얼른 나오기를 학수고대했다. 나중에 어찌어찌 알게 된 부두목 장진석의 처남도 내 또래였다. 평범한 청년이었는데 누나가 참 힘들어했다고 한다.

가해자와 피해자 모두 동향 선후배로 서로를 잘 알고 있는 상태였다. 원래 이웃사촌이 '웬수'가 된다지만, 80년대 호남 출신 조폭들은 결국 영세한 폭력 하청업자에 불과했던 것이다. 그래서 일종의 단가 경쟁, 일감 경쟁이 그 밑바탕에 깔려 있지 않았을까 추측해본다. 좁은 시장에서 '나와바리' 다툼이 낳은 참극이었다.

사형수 둘은 모두 종교에 귀의했다. 그중 한 명은 죽기 전 참회와 선행의 사연이 알려지기도 했다. 하지만 그들이 저지른 악업은 가족을 비롯한 많은 사람들에게 씻을 수 없는 상처와 고통을 남겼다.

성장의 뒤안길에서 핀 독버섯

1980년대 중반은 3저 호황으로 한국경제가 급성장하던 시절이다. 게다가 통금해제(1982)와 학원 자율화 조치(1984), 올림픽 유치로 온 사회가 흥청거리고 유흥업이 팽창했다. 이런 환경에서는 눈먼

돈을 쫓아다니는 조폭들이 활개 치기 마련이다.

잔인하기 그지없는 이 사건도 결국에는 1980년대라는 한국의 사회경제적 배경에서 이해하는 게 맞을 것이다. 1980년대는 혼란과 격동의 시대였다. 경제 성장의 이면에서 광주민주화운동과 군부의 권력찬탈, 삼청교육대, 시위와 탄압이 있었다. 군사정권의 추악한 민낯을 가리기 위한 우민화 정책인 이른바 '3S(스포츠, 스크린, 섹스) 정책'은 경제성장의 과실을 향락과 유흥으로 이끄는 고속도로와 다름없었다. 바로 거기에 조폭의 역할이 있었다.

계엄과 쿠데타, 학살이 정당화된 판국이었으니 조무래기 깡패도 군사 깡패들을 흉내 냈다. 대한민국 조폭 최고 오야붕은 군부와 안기부였고 호남파 깡패는 쓰고 버리는 제일 밑바닥에 있는 일용직 꼬붕이었다. 물론 그렇다 하더라도 꼬붕들의 죄악에 면죄부를 줄 수 없다. 힘과 깡은 가족과 자신에 대한 부당한 침해를 막기 위해 써야 한다.

목포는 5·18 때는 군사깡패의 국가폭력으로, 그리고 1986년 여름에는 개망나니 동네깡패들의 동향상잔으로 골병이 들었다. 다시 한번 항변하거니와 목포는 결코 조폭 소굴이 아니다!

3) 신안비치 나이트클럽 린치사건

한 시민의 탄원서

옛날 정치인들은 종이신문을 열심히 읽었다. 지금과 달리 인터넷

이 없던 시절이라 종이신문이 여론을 좌우한다고 생각했기 때문이다. 그런 정치인 중 대표적인 인물이 김영삼 대통령이었다.

1996년 7월 어느 아침, 평소처럼 신문을 보던 김영삼 대통령은 목포의 한 시민이 지방신문 광고란에 올린 탄원서를 보고 대노했다. 사건의 전말은 다음과 같았다.

유통회사를 경영하던 목포 시민 조호연 씨 일행은 나이트클럽에서 회식 모임을 갖던 중 술값 계산 문제로 웨이터와 시비가 붙게 되었다. 그러자 그곳을 관리하는 조폭들이 나서서 조씨를 집단폭행하는 일이 일어났다. 조씨는 경찰에 신고했으나 수사는 지지부진했고, 조폭들이 병원까지 찾아와서 가족에게 협박을 하면서 고소취하를 종용하자 자비를 들여 대통령에게 직접 탄원서를 쓴 것이었다. 그런데 그 탄원서를 마침 대통령이 읽게 된 것이었다. 대통령의 지시는 간단명료했다. "조폭들을 다 잡아 처넣어라!"

이 사건은 목포경찰서를 직격했다. 경찰은 즉시 조폭소탕본부를 설치해서 가담자 전원을 체포·구속할 수밖에 없었다. 언론에서는 펜과 용기로써 조폭을 뿌리 뽑았다고 조씨를 시민영웅으로 추켜세웠다.

다시 조폭 이미지를 뒤집어쓴 목포

한편 목포는 서진룸살롱 살인사건 이후 10년 만에 또다시 조폭들이 언론에 등장하는 사건이 벌어짐으로써 이미지를 구기게 됐다.

일부 시민들 사이에는 사건이 다소 과장됐다는 이야기가 돌았지만, 대부분 조씨의 행동을 지지했다. 이번 기회에 조폭을 뿌리

뽑아야 한다는 여론이 비등했다. 그러면서도 창피함과 우울함을 감추지 못했다. 어떤 이들은 당시 야당 총재였던 김대중을 견제하기 위해 김영삼이 이 사건을 이용하지 않았냐는 정치공학적 해석을 내놓기도 했다. 물론 그런 의도가 아예 없었다고 볼 수만은 없었다.

당시 사건을 보도한 신문 기사(1996.07)

원래 나이트클럽은 무질서하고 혼란스러운 장소다. 몸과 몸이 부딪히고 술까지 더해지다 보면 뜻하지 않는 사고가 일어나기 마련이다. 그래서 질서유지 차원에서 조폭을 영업부장으로 고용해서 배치한다. 옛날에는 "다찌" 혹은 "기도"로 불렸는데, 지금은 보안요원이라고 부른다고 한다.

조폭들은 질서유지를 명분으로 손님들을 폭력적으로 대한다. 기분 한번 내보려고 나이트클럽에 갔다가 봉변을 당하거나 스타

215

일을 구기는 경우가 비일비재했다. 이 사건도 취객에게 과도한 술값을 요구하는 악습이 원인이었고, 그 배후에는 조폭의 이권이 있었다. 게다가 당시만 해도 지역 경찰이 유흥업소와 대놓고 유착관계에 있는 경우가 허다했다. 사고가 난 신안비치호텔 나이트클럽은 바닷가에 위치한 목포 최고의 나이트클럽이었다.

이젠 조폭도 사양산업

김영삼의 직접 지시로 신안비치 나이트클럽은 조폭 소굴로 낙인 찍혔고 결국 문을 닫았다. 당시 사장은 조폭이 아니었음에도 책임을 지고 구속됐다. 억울한 면이 있다고 들었다.

호텔은 객실보다 컨벤션 사업이 수입 면에서 더 중요하다. 당시 돈이 되는 부대시설이던 나이트클럽과 게임장(빠찡고)은 조폭들의 직장이면서 주 수입원이었는데, 뒤에서 돈을 댄 지분사장들이 독자적으로 운영했다. 나이트클럽에서 벌어진 폭력사건 때문에 목포의 대표적인 호텔이었던 신안비치호텔 역시 이미지에 큰 타격을 입었다.

경찰의 대대적인 조폭 소탕으로 조폭과 유흥업소 간의 유착과 횡포가 없어지지는 않았다. 애당초 없어질 수 없는 구조라는 건 경찰도 알고 있다. 서울까지 확전된 신흥강자 수노아파와 전통강자 오거리파의 피 터지는 이권쟁탈전은 그치지 않았다. 2000년대 초 신도심에 대형 나이트클럽 붐이 일어났는데, 곳곳에서 깍두기 머리 조폭들이 설치고 다녔다.

21세기에 접어들며 목포 지역에서도 조폭이 급퇴조해서 과거 같은 나와바리 싸움은 찾아보기 힘들다. 뭔가 뜯어먹을 게 있어야 조폭질도 할 텐데, 경기가 좋지 못하니 빨대를 꼽기도 쉽지 않다. 게다가 셋 이상 모이면 감시와 단속의 대상이 되니 도저히 사업을 벌이기 힘든 형편이 된 것이다. 안면이 있는 경찰에 따르면, 최강자가 된 수노아파도 교도소에서 나온 선배 축들은 장사꾼이 됐고, 일부 후배들은 서울로 이동해서 여전히 건달질을 하고 있단다. 이젠 조폭 세계도 레드오션으로 바뀐 지 오래다.

III

16
식민지 청년의 삶과 꿈

1) 김성규와 세 아들−우진, 철진, 익진

/

김우진

내 또래나 그 위 세대라면 윤심덕이 부른 '사의 찬미'를 한 번쯤은 들어본 적이 있을 것이다. 또 조금 관심이 있는 사람이라면, 윤심덕이 동포 청년과 함께 현해탄에 몸을 던졌다는 이야기도 들어봤을 것이다. 무슨 정사(情死)니 뭐니 하면서 말이다. 그 동포 청년이 바로 목포 출신 김우진이다.

김우진은 삼형제 중 맏이로 밑으로 김철진과 김익진이 있었다. 이 삼형제는 식민도시이자 근대도시였던 목포가 낳은 근대 지식 청년이었다. 이 삼형제의 아버지 김성규는 당시 목포 최고 갑부이자 구한말 최고 행정 책임자였다. 그는 전봉준과 전주화약을 이끌어낸 주역 중 한 명이기도 했는데 한일합방 이후에 관직에서 물러났다.

　가업승계 원하는 아버지의 바람을 뒤로 하고 일본 유학을 떠난 김우진은 자유주의와 문학에 심취했다. 그런데 김우진이 갑작스럽게 죽음을 맞자 당시 도시샤(同志社) 대학에서 경제학을 전공하던 동생 김철진은 급거 귀국길에 오를 수밖에 없었다. 그렇지만 그 역시 가업을 물려받기는커녕 조선공산당과 신간회에 가입하여 목포 지역 독립운동 지도자로 활약하다가 투옥됐다.

김익진

두 아들의 '일탈'을 경험한 김성규는 막내 김익진을 일본이 아닌 중국으로 유학을 보냈다. 김익진은 베이징대 언어학과 재학 중 아나키즘 계열 사회주의 사상에 빠져 중국공산당과 홍군에 가담해 항일투쟁을 벌였다.

김익진과 김우진(오른쪽)

　귀국 후에는 사상적 방황을 정리하고 가톨릭에 귀의해서 "한국의 성 프란체스코"라고 불릴 만큼 큰 존경을 받았다. 그는 자신이 물려받은 재산을 대부분 기부했고, 그 때문에 그 가족은 빈한하게 생활했다고 한다. 현재 북교동성당 또한 김우진 집안 저택이었는데 가톨릭교회에 기증한 것이라고 한다.

김철진

김철진은 1929년 조선공산당과 신간회 사건으로 구속돼 서대문 형무소에 갇혔다. 그러다 병보석으로 입원한 직후 사상전향을 선언하고 이른바 참회의 팸플릿을 전국 사회단체에 자발적으로 배포해서 장안의 큰 화제가 되었다.(1930년 「경성일보」)

　굳이 이해를 한다면, 일제의 집요한 회유와 압박은 물론, 가업을 이어달라는 부친의 읍소를 쉽사리 외면하기는 힘들었을 것이다. 그때부터 독립운동가 김철진은 친일협력의 길을 걷게 된다.

　그 뒤 김철진은 어용기관인 목포 부의회 의원과 전남 도의원을 지내는 등 뚜렷한 친일 행적을 보인다. 전향 뒤로도 김철진은 목포를 대표하는 지역유지로 왕성하게 활동하는데, 사재를 털어서 목포고등보통학교 설립 운동에 앞장섰고, 무엇보다 그 유명한『호남평론』을 창간한다.(박이준, 목포대, 2002)

　『호남평론』은 수도가 아닌 지방도시 목포에서 발행해서 조선 전역은 물론 만주지방까지 배포한 한글판 종합 시사교양지였다. 박화성을 비롯한 당대 최고 지식인과 김철진의 독립운동 동지들이 기자와 편집진으로 대거 참여했다. 일제의 엄혹한 감시 하에서 독립운동가들이 숨 쉴 수 있는 합법적인 공간을 마련했던 것이다. 당시 김철진의 동지였던 배치문도 편집장으로 활약했는데, 안타깝게도 1942년 목포형무소에서 고문 후유증으로 순국하고 말았다.

해방 후 김철진은 반민특위에 체포되었다가 풀려난(『친일파 죄상기』, 학민사, 1993) 후 목포에서 공립대학 설립운동에 앞장서 전남대 상과대학을 설립하고 초대 학장에 취임하였다. 이후에는 「목포일보」 사장으로 언론사를 운영하기도 하였다.(『근현대의 형성과 지역사회운동』, 새길, 1995)

일본 도시샤(同志社) 대학 재학 중의 김철진(목포문화원)

懺悔のパンフレット
保釋療養中の金哲鎭が
全鮮思想團體へ配る

大谷大學の
紛擾
圓滿に解決

김철진의 전향 팸플릿 배포를 보도한 신문 기사(「경성일보」 1930.06.24, 목포문화원 자료사진)

삼형제의 빛과 그늘

김우진 삼형제는 부호의 아들로 태어나 외국 유학 중 최신 사조였던 자유주의와 사회주의를 접한, 지금으로 말하면 '얼리어댑터'(early adopter) 지식 청년들이었다. 열렬한 공산주의자이자 민족

주의자였던 김철진이 가업을 이어야 한다는 현실을 받아들이고 전
향해서 친일파가 되었지만, 평생 문화·출판운동과 교육계 및 언
론계에 종사한 행적을 보면 그에게는 사업가의 피와 사회운동가
의 피가 혼재돼 있었던 것으로 보인다. 실제로 그는 기업경영에도
뛰어난 수완이 발휘했다.

　김철진은 30대 이후의 친일 행적으로『친일인명사전』에도 등재
된 친일파로 분류된다. 그의 친일이 적극적이고 자발적이었는지,
소극적이고 방어적이었는지 입증할 만한 객관적 자료는 존재하지
않는다. 그렇지만 적어도 목포 시민들에게 인심을 잃지 않은 후덕
한 사업가였던 것만큼은 확실하다. 수많은 기부와 자선 및 출연이
그런 사실을 뒷받침한다.

　중국 유학 중에 아버지에게 끌려오다시피 한 삼남 김익진은 언
어에 뛰어난 능력을 보였다. 여러 책을 번역하고, 에스페란토어
보급에도 앞장섰다고 한다. 아버지 김우진을 잃은 어린 조카 김방
한에게는 따뜻한 삼촌이었다고 한다. 그런 영향을 받아서인지 김
방한은 언어학자가 되어 서울대 언어학과 교수로 재직하며 평생
고대 한국어를 연구했다.

　김우진은 대중적으로 윤심덕과의 관계로 널리 알려져 있는 면
이 있지만, 사실 그는 근대문학의 개척자이자 뚜렷한 업적을 남긴
작가로 한국문학사에서 높은 평가를 받고 있다. 그가 1925년에 쓴
희곡「이영녀(李英女)」는, 유달산 사창가에서 창녀로 살아가며 가
난과 남성의 폭력이라는 이중고에 시달리는 주인공을 통해 당시
하층민과 여성의 현실을 날카롭게 파헤치고 있다. 그는 단순히 '목

포 오빠'로만 치부될 인물이 아니다.

앞서 언급했던 것처럼 김철진은 일제하 독립운동과 이후의 활발한 사회활동 경력에도 불구하고 친일파의 굴레에서 벗어나지 못하고 있다. 삼형제 모두 독립운동과 문화운동에 뚜렷한 공적이 있고, 거의 전 재산을 내놓은 파격적인 기부와 헌신적인 사회봉사 활동을 감안하면 흔하디흔한 공적비나 표창장 하나 정도는 주어져도 괜찮지 않을까. 이들에 대한 어떤 존중의 표식이 없는 건 너무 야박하지 않은가?

어쩌면 김우진의 현해탄 사건은 마르크스주의에 빠져 있던 청년 김철진의 인생을 전향자 친일파로 이끈 계기였을지도 모르겠다. 사람들은 윤심덕과 김우진 간의 스캔들에 호들갑을 떨지만, 정작 그 스캔들의 그늘에 남은 이들(부모, 형제, 특히 김우진의 부인과 자녀)의 인생과 고뇌에 대해서는 알려하지 않는다.

지금 김철진 집안은 목포에 남아 있지 않다. 집안의 부와 권력은 흔적도 없지만 김성규와 그의 세 아들이 남긴 유산은 목포 근현대사의 커다란 줄기의 하나로 기억되고 있다. 그것이 명문가라면 명문가의 아우라가 아닐까 한다.

2) 고파 배치문

/

잊혀진 독립투사

혹시 배치문이라는 사람을 아시나요? 그는 많은 타이들을 가지고 있다. 민족주의자, 사회주의자, 의열단원, 교사, 노동운동가, 저널리스트….

고파 배치문은 1890년 경남 김해에서 태어나 보통학교 졸업 후 목포로 이주했다. 서른 살 때 3·1운동 소식을 듣고 영흥학교와 정명학교 제자들과 밤새 그린 태극기를 들고 4월 8일 독립만세 운동을 주도했다. 그로 인해 일본 경찰에 체포되어 1년 6개월간 옥고를 치렀다. 이후 중국으로 건너가 상해 임시정부와 의열단 단원으로 활동하며 조국의 독립을 위해 헌신했다. 조국으로 건너온 후에는 목포를 중심으로 독립운동과 사회주의 운동을 하다가 체포되어 1942년 53세의 나이로 목포교도소에서 고문 후유증으로 옥사했다.

일제 감옥에서 순국한 배치문 의사

조선공산당 동지인 김철진, 박제민(박화성의 오빠)과 함께 『호남평론』을 펴냈고, 민족종교부터 의열단, 조선공산당까지 두루

섭렵해서 나치즘과 유럽, 신흥 소련의 정세를 이해한 신지식인이었다.

그러나 정작 그가 정력적으로 활동했던 목포에서는 제대로 기억되지 않는 잊혀진 인물이 되었다. 2019년에 지역문화패 '갯돌'의 추모 노래극이 최초의 공개적인 오마주였다. 코로나 사태가 일어나기 전까지 나는 경남 김해에서 3·1절마다 열리는 '고파 배치문 추모회'에 서너 차례 참석했다. 후손들과 시청에 함께하는 민관합동 추모행사로 매해 최소 2~300명이 모였다.

김해시 한가운데 중앙공원에 조성한 독립열사구역에는 3미터가 넘는 배치문 선생의 기념비가 우뚝 서 있다. 창피했다. 배치문 의사가 평생 활동한 목포 땅에서는 그의 이름조차 기억하지 못하는데…. 그가 가르쳤던 영흥고에 가서 학적과 근무기록을 물어보니 그런 분이 있었냐는 반문을 듣고 헛웃음도 안 나왔다. 자칭 입시명문이면 뭐 한당가.

역사를 잃어버린 목포

목포 제유공 노조 파업은 항일운동의 전통이라고 자랑스럽게 말하면서 그 파업에서 지도자 역할을 했던 배치문과 박제민을 모르는 민주노총 간부를 보면서 어떡해야 정신을 차릴까 하는 생각도 했었다. '호남정치 1번지'니 '민주화의 성지' 같은 소리하고 자빠졌다는 냉소가 절로 나왔다. 그러면서 오늘도 줄기차게 근현대사거리에서 식민의 흔적을 팔아서 관광사업에 골몰하는 게 목포시 당국과 목포시민들이다. 거기에는 배치문과 동지들이 피땀으로 새긴 저항의 흔적이 조금도 없다.

의사 배치문 기적비(김해시 중앙공원)

쓸쓸하고 웃픈 것은 근현대사 관광거리에 맥락도 없고 정체도 알 수 없는 동상들이 서 있다는 것이다. 경동성당 부근에 있는 아사(餓死) 직전의 징용공 동상은 왜 여기에 서 있는가. 시모노세키나 오사카, 사이판에 있어야지. 목포 지역과 징용공이 어떤 직접적 연관이 있단 말인가. 여기에는 순국한 배치문과 제유공 노조원, 조선공산당원, 신간회원, 암태도 소작쟁의 아사 동맹원, 광주학생운동에 동참했던 목포상고생 같은 무명용사의 기념물이 있어야 할 자리가 아닌가.

근대역사관 입구에 있는 소녀상도 마찬가지다. 일제에 항거해서 봉기했던 영흥학교와 정명학교, 목포상고 청년 학생의 동상이 있어야 할 것 아닌가. 전국 어디나 똑같은 프랜차이즈 공장 제작

소녀상과 징용공상이 있을 자리가 아니다. 배치문이 역사성도 민족혼도 저항의식도 없는 목포 근현대사거리를 본다면 뭐라고 할까?

배치문의 호인 '고파'는 배고픈 조선민중을 상징하면서도 서해바다와 영산강에 들이치는 역사와 독립의 고파(高波)를 뜻할 것이다. 1930~40년대 제국주의와 파시즘, 식민지 투쟁과 해방된 조선반도를 품에 안은 고파 배치문은 밀려오는 역사의 격랑에 맞선 큰 사람, 지사(志士)였다. 선생이 옥사 순국한 직후 사할린으로 도피한, 어머니와 딸 부부와 손주는 끝내 귀국하지 못한 채 소식이 끊기고 말았다. 그래서 독립국가 대한민국에서 수여한 훈장을 수령할 직계후손이 없었다.

3) 제국의 군인이 된 식민지 청년들

분노의 강 살르윈

무다구치 렌야(牟田口廉也, 1888~1966)는 밀리터리 마니아들 사이에서 숨은 조선독립군으로 통한다. 태평양전쟁 당시 일본군 최악의 패전인 임팔전투(1944)를 기획하고 지휘했기 때문이다. 버마(미얀마)의 산악 정글에서 9만에 이르는 일본군 중 80퍼센트가 사망하거나 부상을 당하는 등 궤멸적 타격을 입었다.

그들의 대부분은 굶주림과 말라리아, 이질 같은 질병으로 사망했는데, 영국과 인도군에 밀려 후퇴한 전장은 백골가도라고 부를 만큼 처참한 죽음의 행진이었다. 보급과 화력은 무시한 채 오로지 정신력과 희생으로 밀어붙인 일본군 특유의 과대망상이 빚은 참극이었다. 우리에게는 드라마 〈여명의 눈동자〉(1991)를 통해서도 잘 알려져 있는 것처럼, 이 지옥도에 조선 청년들과 조선 여성 다수가 희생됐다. 지원병, 학병, 위안부라는 이름으로.

목포와 깊은 인연이 있는 세 청년은 그 지옥도에서 용케 살아남았다. 이가형은 목포 출신으로 도쿄제대 재학 중 학병으로 자원했다. 좌파계열 독립운동에 연루돼 사실상 강제징집 됐기 때문이다. 목포역에서 요란한 출정환송을 받았지만, 화장실도 없는 화물선 짐칸에 버려진 듯 실려가서 버마에 배치됐다. 생환한 뒤 고국으로 돌아와 중앙대와 국민대에서 영문학부 교수로 봉직했다. 이종실은 인근 영암 출신으로 니혼대학 법학부 재학 중이었다. 박순동은 순천 출신으로 역시 일본 유학생이었다.

전장에 끌려간 청년들

세 청년은 산포 중대에서 소나 말몰이꾼인 '타마병'(駄馬兵)으로 복무했다. 차량 대신에 소나 말, 코끼리를 수송수단 겸 식량으로 이용했던 일본군의 전술 때문이었다. 같은 분대 소속이었던 셋은 탈영해서 연합군에 투항하기로 의기투합했지만, 이가형이 말라리아에 걸리는 바람에 나머지 둘만 탈출에 성공한다.

영국군에 항복한 두 청년은 미군 OSS에 발탁돼 미국 샌디에고 등지에서 특수전 훈련을 받았지만 도중에 일제가 패망하는 바람에 국내 진공의 꿈을 이루지 못했다. 일제가 물러갔지만 청년들은 곧바로 집으로 돌아올 수 없었다. 일본군 출신이었기 때문에 연합군 포로수용소에 갇혔다가 해가 지나서야 겨우 귀향할 수 있었다.

이후 박순동은 1960년대 중후반 목포 문태고등학교 영어교사로 재직 중 자신의 학병체험수기 「모멸의 시대」와 소설 『암태도 소작쟁의』(2003)를 저술해서 주목을 받았다.(박순동은 소설가 조정래의 외삼촌이다.) 그가 재직했던 문태학원은 바로 암태도 소작쟁의를 촉발한 악덕 지주 문영호가 세운 학교인데, 이러저런 배경 때문에 재단과 갈등으로 문태고를 사직했다는 얘기도 있다. 다만 그와 반대되는 진술도 있어 확실치는 않다. 그는 〈여명의 눈동자〉의 주인공 장하림, 소설 「태백산맥」의 김범우의 실제 모델로 알려진 인물이다.

이가형의 「버마전선 패잔기」(『신동아』 1964년 11월호) 박순동의 「모멸의 시대」(『신동아』 1965년 9월호)

이종실은 귀국 후 1949년에 요절했고, 박순동은 교육자이자 작가로 활동하다가 1969년 40대 후반에 운명했다. 두 사람은 사후 독립유공자로 훈장이 추서되었고 국립묘지에 안장됐다. 셋 중 가장 병약했던 이가형은 80세까지 천수를 누렸다. 저명한 영문학자이자 번역가로 이름을 날렸으며, 역시 자신의 전쟁 체험을 소설 『분노의 강: 나의 버마 전쟁』(전 2권, 1993)으로 녹여냈다.

버마의 고원지대를 종단하며 흐르는 샬르윈 강(Salween River)은 '분노의 강'이라는 뜻이란다. 우기에 노도처럼 흐르는 이 강을 건너지 못한 일본군 패잔병들은 영국군에 쫓기다가 맞아죽고, 굶어죽고, 물에 빠져 죽었다. 거기에는 조선인 병사와 위안부도 있었다. 모두 식민과 전쟁이라는 역사의 탁류에 휘말려버린 것이다.

모멸의 시대

조선인 학병들은 당대 최고의 청년 엘리트였으며 고학력자들이었다. 이가형의 선배로 같은 고등학교(현 광주일고)를 졸업하고 도쿄제대 법학부를 나와 고등문관시험에 합격한 박 아무개가 있었다. 그렇지만 그는 일제가 일으킨 전쟁에 이등병으로 징집되었다가 허무하게 말라리아로 사망하고 말았다. 일제는 이렇게 조선의 동량이 될 청년들을 침략전쟁의 총알받이로 몰아넣었다. 지원병, 학병, 징용, 징병, 그리고 위안부….

학병 출신들은 제국의 총알받이로 낯선 전장의 소모품으로 동원된 현실에 절망하지 않을 수 없었다. 식민지 청년이 겪는 고통과 비애는 이루 말할 수 없는 것이었다. 이등병으로 전락한 인텔리의 자존심이었을까. 살아남은 그들은 포로수용소에서 조선어로 된 신문과 소식지 등을 발간했다. 조선인 간 친목 도모와 살아남은 자들의 감상과 자조적인 위로, 민족의식 등을 담았다고 한다.

해방 후 이병주, 장준하, 박순동, 김동리 등이 남긴 소위 학병문학에 대해 문학평론가 김윤식 교수는 "지옥 같은 전쟁체험, 명분 없는 죽음에 대한 이율배반적인 정신적 상처 극복이 체험적 글쓰기의 본질"이라고 했다.

얼마 전에 읽은 이가형의 『분노의 강』에서는 그런 자의식과 분노 트라우마가 고스란히 드러난다. 싱가포르에서 1년이 넘는 포로생활을 한 끝에 죽은 동료의 유골함을 안고 부산항으로 오는 귀국선에는 조선인 학병들과 포로감시원, 위안부들이 가득했다고 한다. 위안부 수만 500명이 넘었단다. 소설에는 "조선삐"라고 불리던 조선인 위안부들과의 '로맨틱'한 만남에 관한 이야기도 나오는데, 위안부들의 비참한 처지를 엿볼 수 있는 대목이다. 적어도 조선인 병사들과는 같은 동포로서 각별한 동지적 관계였던 것도 같다.

박순동이나 장준하처럼 탈출해서 OSS 요원이 되거나 광복군이 된 학병은 소수일 것이다. 대다수는 이가형처럼 갈등과 공포 속에서 일본군 졸병으로 박박 기다가 겨우 살아남았거나 아니면 어딘지도 모르는 정글 속에서 백골로 스러져갔다. 가난한 삶에 쫓기거나 먹고살기에 몰두했던 대다수 조선 청년의 선택은 어땠을까? 아마도 선택의 자유도 없이 황국의 2등 신민으로 일제의 시민지배 체제에 순응했을 것이다. 중국이나 만주 등지로 나가거나 국내의 지하에서 독립운동을 한 지사는 소수에 불과했으니까.

인간은 독립된 자기의지보다는 자신이 처한 사회적 환경과 당대의 시대정신에 의지해 결단한다. 그나마 개인이 선택할 수 있는

폭은 매우 좁으며 다양하지도 않다. 더구나 가능성과 자유가 제약된 식민지 시대 청년들은 오죽했겠는가. 친일협력과 반일저항은 분명히 존재하는 현실이었고, 그에 따른 응징과 존경이라는 신상필벌은 분명해야 한다. 그럼에도 적어도 '친일지옥 vs 반일천국'의 구도는 현재 시각으로 각색된 역사적 판타지에 가깝다.

조선인들을 인간수탈해서 침략전쟁에 동원한 일제의 만행은 규탄대상임이 분명하지만, 그 탁류에 휩쓸린 조선의 인간 군상들과 행적에 대한 평가는 식민지 시대에 대한 엄정하고도 유연한 이해가 바탕이 돼야 할 것이다. 평화와 소비의 시대에 올라탄 후세대로서 분노의 강을 건너 생환한 세 청년이 체험한 모멸의 시대에 깊은 위로를 드린다.

목포 구 청년회관-전남 사회운동의 총본산

현재 남교동에 자리 잡고 있는 목포 구 청년회관은 3·1운동이 불러온 민족적 각성을 바탕으로, 1925년 남교동 유지들의 출연과 조선인들의 모금으로 건평 100평 규모로 건립되었다. 1927년에 이곳에서 신간회가 결성되었으며, 최초의 여성운동 단체인 근우회가 본부를 두는 등 전남지역 사회운동의 총본산이었다. 식민지 조선 내에서 청년회관의 지명도가 높았다.

청년회관에서는 강연과 집회를 비롯한 각종 모임이 활발하게 개최됐다. 목포 지역 민족운동을 주도했던 사회주의 계열 운동가들은 청년회관을 중심으로 치열하게 사상투쟁을 벌였다. 일본의 후쿠모토주의에 영향을 받은 ML파와 서울청년회 계열의 급진적인 방향전환주의(나중에 신간회 해소론으로 이어진다.)를 둘러싸고 전 조선이 집중하는 가운데 파벌투쟁이 벌어졌다.

당시 목포 사회주의 운동권의 지도자인 김영식은 방향전환론의 주요 이론가였다. 노동자 농민의 운동주도성과 민족주의자들과의 협동전선 및 제휴 문제가 갈등의 핵심이었다. 민주당과의 연합과 독자적 진보정당건설을 둘러싸고 벌어졌던 운동권의 NL vs. PD 논쟁과 비슷했다. 신간회 해산과 주요 지도자들의 검거 및 전향 후 1940년대

목포 구 청년회관 현재 국가등록문화유산으로 지정되어 있다.

초까지 소련 유학에서 돌아온 사회주의자들에 의해서 노동조합과 농민조합 및 목포상고와 정명여학교 등에서 항일지하조직이 결성되었다.

　운동권들끼리 노선과 주도권을 둘러싼 대립과 갈등은 시대를 초월한다. 1980~90년대 목포 운동권에서도 식민지 시대와 비슷한 양상이 벌어졌다. 세상사가 그렇듯이 얼마 지나지 않으면 이념과 노선 정책 대립은 온데간데없어지고 인맥과 파벌적 이해관계 등이 정치조직 노선이라는 외피를 둘러쓰고 진행된다. 연대와 협력은커녕 적보다 더한 제거대상이 된다. 조선시대처럼 사문난적으로 낙인찍기식 당파 싸움과 다를 바 없다.

17
1949 대탈옥 사건
-전쟁과 목포

엄마의 6·25-목포에서의 전쟁과 학살

우리 어머니는 1941년생 뱀띠로, 북교동 토박이다. 목포북교국민학교에 다닐 때 전쟁이 났다. 목포에는 개전 한 달 뒤인 7월 24일에 인민군이 들어왔다. 조선의 롬멜 방호산이 이끄는 6사단이었다. 항일전쟁과 국공내전으로 단련된 인민군 최정예부대였다. 부산 코앞까지 진격한 30대 청년장군 방호산은 미군들을 엄청 엿먹였던 명장이었다,

목포는 이미 준전시 상태였다. 1949년 9월 목포형무소 무장탈옥사건이 일어나시 계엄령이 발동되어 시내에서 총격전이 벌어졌기 때문이다. 당시 목포형무소에는 제주 4·3사건과 여수14연대 반란사건 관계자들이 과밀수용 돼 있었는데(수용 정원의 세 배인 1천 500여 명 수감), 그중 400명 이상이 총기를 탈취해서 총격전으로 간수들을 제압하고 탈옥하는 일이 발생했다. 한국 교정행정상

최대 참사로, 289명이 사살되고 23명은 끝내 도주했다.(김양희 목
포대학교 석사논문)

목포형무소 옥사
지금은 일신아파트가
들어서 있다.

　탈옥사건 주모자인 김두수는 체포돼 당시 시내 중심가였던 큰
시장(현 트윈타워 빌딩) 정문에서 목에 "두목!"이라는 팻말을 걸고
공개 총살됐다. 노모의 기억에 따르면, 당시는 저녁 8시부터 통금
이었고, 무장경찰과 자경단이 순찰을 돌았는데 곧바로 암구호를
대지 못하면 탈옥수로 간주해서 현장에서 사살했다고 한다. 아침
에 학교 가는 길에 담벼락이나 골목길에서 죽어 널부러진 시신들
도 여러 번 봤단다.

　어머니 동네에 물지게를 져서 묵고사는 바보 머슴이 있었는데,
힘은 장사지만 지능이 부족했단다. 그 또한 자경단으로 뽑혀서 야
간순찰을 도는디, 도저히 암구호를 못 외웠단다. 하루는 순찰 중
에 방뇨를 하고 있는데 다른 대원이 "손들어! 움직이면 쏴분다잉.
암호가 뭐시여?"라고 하자 "거시기… 암호가 암호제라우" 하고 대
구를 했단다. 다행히 그 어눌한 말투를 알아챈 사람이 말려서 총

살은 면했단다. 이렇게 개나소나 가리지 않고 총을 들고 설쳤으니 사달이 나지 않을 도리가 없다.

대표적으로 구 경찰서 뒷편 양을산 기슭에 있었던 나환자촌에 난입한 진압경찰이 주민을 탈옥수로 오인, 무차별 사격을 가해 일곱 명이 즉사했다. 탈옥수들이 죄수복을 주민들의 옷과 바꿔 입는 바람에 벌어진 참극이었다. 산정동 성당에 있던 외국인 신부가 강력하게 항의했지만 사건은 묻히고 말았고, 보상이나 진상규명도 없었다.

점령과 피난

인민군이 목포에 입성하자 대대적인 환영행사가 벌어졌는데, 어머니는 행렬 맨 앞에서 알록달록 색동저고리를 입고 덩실덩실 춤을 추던 중년 아줌마의 모습을 기억했다. 학교에서는 젊은 여선생님이 아이들에게 "장백산 굽이굽이"로 시작하는 인민군가를 가르쳤고, 따발총을 맨 인민군들이 행진하면 만세를 외치라고 했단다. 인민군은 목포를 70일 정도 점령했는데, 주둔부대는 마산, 고성 지구 전투에서 후송된 부상병과 교대병력였다. 방호산이 목포, 여수 등 전남도시에 경비부대를 분산 주둔시키는 바람에 북한군은 낙동강 진신에서 병력집중에 곤란을 겪었다고 한다.

황해도 출신으로 월남한 목수였던 외할아버지는 집 뒤에 있는 밭 한가운데에 굴을 파놓고 미군 비행기가 뜨면 잽싸게 숨었는데, 외할머니는 그냥 마루에 앉아서 저놈이 식구들 냅두고 혼자 도망가는 겁쟁이라고 욕을 퍼부었다고 한다. 목포 시민 중 부자나 공무원 가족은 배를 징발해서 이미 섬으로 튀었지만, 보통 시민들은 뒷개 부둣가로 피난길을 나섰다가 타고 갈 배를 못 구해서 그냥 집으로 돌아왔다. 전쟁 기간 중 가장 큰 문제는 식량배급을 받는 것이었단다.

교차 학살

인민군이 목포를 함락하기 직전에 목포형무소에서는 일반잡범은 모두 석방하고 좌익사건 죄수와 보도연맹원은 군경에 인계했다는데, 그 뒤로 생사가 확인된 사람은 없다. 인민군도 후퇴하면서 연동과 석현동에서 우익 시민들을 집단학살했다.

그러다 10월 2일 목포에 상륙한 국군은 대대적인 부역자 색출 및 검거와 함께 전 시민을 대상으로 사상검증을 벌였다. 상호 밀고와 비방, 폭행, 복수, 처벌이 난무했다. 전국 어느 곳에서나 그랬을 테지만, 전시라고 해도 모두 불법이었다. 학살이 벌어졌던 양을산 기슭 용해동의 한쪽에는 호남권 통일센터가 있고, 그 아래쪽에는 국가보훈청이 있다.

안보 차원이든 통일 염원이든 모든 비극의 원천인 6·25가 우리 지역을 어떻게 할퀴고 파괴하고 상처를 주었는지 알려야 한다. 더구나 전쟁을 경험한 세대도 이제 거의 퇴장하고 있다. 전쟁을 밀리터리 마니아 코스프레나 무쌍활극 정도로 여기는 풍조도 지극히 못마땅하다.

진실화해위원회는 2025년 1월, 6·25 직후 후퇴 과정에서 목포 경찰과 헌병대에 의해 목포형무소에 수감된 사상범 여덟 명이 목포 앞 바다에서 집단 살해되어 수장된 사실을 공식 확인했다. 이는 공권력에 의한 불법 살인이므로 국가에게 사과와 보상을 권고했다.

18

목포 사람 Ⅰ

1) 휴먼 사진가 박종길

/

사진으로 목포를 기록하다

로버트 카파(Robert Capa, 1913~1954), 전설적인 종군기자. 스페인 내전의 참상을 알린 '어느 공화군 병사의 죽음'이라는 사진을 한 번쯤은 봤을 것이다. 그 사진을 소싯적『소년중앙』에서 보고 사진작가라는 직업이 있다는 걸 처음으로 알았다.

사진작가 박종길(1939~2025)은 목포의 로버트 카파라고 할 수 있다. 지역 현대사의 정직한 기록자이며 관찰자였다. 그의 작품 속에는 수많은 사람들이 등장한다. 남녀노소, 빈부귀천, 직위고하를 막론하고 그의 렌즈 속 피사체는 순간의 고뇌와 희노애락을 드러낸다. 그러므로 당대의 만인들은 그의 사진 속에서 평등하다. 김대중이든 서산동 골목에서 쥐치를 말리는 노파든 간에. 그것만으로도 박종길은 위대한 예술가다.

　나 같은 조무래기 까막눈은 감히 박종길의 예술세계를 논할 만한 처지가 못 되지만, 그의 작품을 관통한 주제는 다큐멘터리와 리얼리즘이었다고 확실하게 말할 수 있다. 이건 작가 본인이 밝힌 이야기이기도 하다. 그는 특별한 이유 없이 목포를 자주 렌즈 안으로 끌어당겼다. 나도 생전의 작가를 여러 번 뵌 적이 있다. 주로 오거리 부근이었고, 그가 운영하던 사진관에도 갔다. 물론 친분과 인연은 전혀 없지만, 그의 사진은 무수히 봤다. 목포 시민 누구나 그랬을 것이다.

고 박종길 선생

박종길의 사진을 보존하라!

목포에서 사진하는 사람들 중에 그의 제지가 꽤 있다. 목포대를 비롯해 지역의 여러 대학에서 사진학을 강의했고, 시민을 대상으로 한 사진 수업을 통해 많은 후진을 배출했다. 그러나 얼마 전 알게 된 그의 지인에 따르면 살림살이는 빈한했단다. 유족인 부인도 아직 노동을 하면서 생계를 꾸린다고 하니 이 가난한 예술가에게는 사진밖에 남은 게 없는가 싶다.

박종길의 대표작 중 하나인 '왕자회사'(1977)는, 일제시대 제지회사의 잔해로 오래 전에 철거됐고, 목포경찰서가 그 자리에 들어섰다. 흉물이라는 이유로 철거했지만, 만약 보전했다면 근현대사 명물유적이 됐을 것이다.

왕자회사(박종길, 1977)

왕자회사는 동네꼬마들의 놀이터였다. 굴뚝 아래 들어가 위를 보면 박쥐 떼가 잔뜩 숨어 있었다. 동네 아저씨들이 개를 잡는 장소이기도 했고, 그 아래쪽에는 넝마주이들의 무허가 쓰레기 하치장이 있었다. 그리고 그 길 너머로는 보훈청이 있었다.

누구든 새로 목포 시장이 된다면, 목포가 크게 빚진 이 위대한 예술가의 집 안에 가득 쌓여 있다는 이런 작품을 발굴해서 햇빛을 보게 했으면 좋겠다. 그리고 작품을 안정적으로 전시할 공간을 마련해서 사람들에게 개방하면 좋지 않을까 한다. 또 지역의 학교에서 순회전시를 하는 것도 고려해보면 좋것다. 쓸데없는 데 돈 쓰지 말고 이런 데 쓰면 '문화도시' 목포에 어울리는 의미 있는 행사가 되지 않것는가.

지금까지 역대 목포 시장이나 국회의원, 장차관 같은 고관대작의 존재와 언행은 전혀 기억되지 않는다. 그러나 박종길이 좋아서 평생을 찍은 사진 속 목포 사람들의 땀과 눈물, 웃음은 생생히 기억될 뿐 아니라 역사의 한 페이지로 기록될 것이다. 그래서 인생은 짧고 예술은 길다고 하는가 보다.

박종길 작가는 2025년 3월 3일 향년 84세의 나이로 운명했다. 평생 사진을 통해 예술혼을 불살랐던 선생의 영전에 시민과 독자로서 깊이 감사드린다. 선생의 명복을 빈다.

2) 유달산에 정착한 노마드 부부–앨런과 이한숙

/

뉴욕 출신, 목포 거주, 50년 직업 가수

유달산 일주도로와 면한 곳에 부부의 집이 있었다. 바다가 내려다보이는 전경이 시원했다. 옥상에 오르니 삼학도와 영산강 너머로 영암 월출산이 또렷하게 보였다. 바다와 섬들 사이로 여름과 가을이 교차하고 있있다. 세싱에 이린 풍경을 볼 수 있는 집이 또 있을지 모르것다.

앨런은 뉴욕 출신의 가수다. 그의 영어 딕션은 오래 전 토익 시험을 볼 때 들었던 테이프에서 나오는 소리와 크게 다르지 않았다. 발음이 또박또박하고 정확했다. 필라델피아 출생으로 젊었을

때 보험회사에서 일한 적도 있지만, 지금은 50년이 넘은 직업가
수임을 강조한다.

열세 살 때인 1966년에 7인조 스쿨밴드를 만든 게 가수 데뷔였
다. 그때 42달러를 받았는데, 당시로서는 상당히 큰돈이었다고.
유명 밴드인 '레드 제플린'과 '롤링 스톤스' 커버로 시작해서 자기
앨범도 여러 차례 냈다고 한다. 한창 때는 '스탠바이미'(Stand by
me)로 유명한 벤 E. 킹(Ben E. King)의 전속 오프닝밴드도 했는데,
역시 큰돈을 벌었다고.

한국에 와서는 '이광조 클럽'과 '들국화'가 공연할 때 오프닝
을 했다고 한다. 지금도 목포 선창 부근에 있는 수제맥줏집 '신형
당'에서 토요일과 일요일 두 차례 공연을 한다. 뮤지션은 반드시
공연비를 받고 연주해야 한다면서 액수는 그다음이라고.

자신은 '롤링 스톤스'의 리더이자 보컬리스트인 '믹 재거' 같이
유명해지지는 못했지만 지금까지 이렇게 해피하게 무대에 서는
인생이 즐겁고 감사하단다. 그는 지난겨울 윤석열 '탄핵광장'에
서 '렛잇비'(Let it Be)를 멋지게 들려주었다. 스스로를 최상의 뮤지
션이 아니라고 겸손해하면서도 관객이 원하고 즐거워하는 노래
를 부르는 엔터테이너 역할에 만족하면서 언제나 최선을 다한다
고 미소 지었다.

길 위의 삶

앨런의 부인인 이한숙 선생은 여행기획자이다. 앨런과도 여행이
인연이 되어서 만났다고 한다. 요즘은 소규모 패키지여행 비즈니

스를 하는데, 사람들을 모아서 일주일 안짝으로 떠난단다. 주로 현대미술이나 역사박물관 같은 테마를 주제로 한 여행인데, 앞으로는 목포를 기점으로 전남권 일대를 투어하는 상품을 준비하고 있다.

앨런 · 이한숙 부부

부부의 집 앞에 있는 공원이
마치 정원 같다.

목포 관광에 대한 견해를 물었더니, 여행자들을 위한 로컬 콘텐츠가 단조로워서 개발이 필요하다는 의견도 낸다. 동감이다. 목포시에 필요한 건 이한숙 선생처럼 밖에서 들어온 전문가의 객관적인 시각과 진단이다. 이 선생의 혜안이 정책 입안자들의 귀에 가 닿기를 바란다.

충청북도 보은이 고향인 이한숙 선생은 오랫동안 서울에서 클래식 음악 기획을 했다. 그러다 4년 전 목포에 왔다가 오밀조밀한 골목들과 뭔가 영감을 주는 구도심에 반해 목포에 정착하기로 결심했다. 그래서 이제는 목포 시민이라는 새로운 정체성을 가지고 살고 있다. 집 창밖으로 보이는 바다는 자신에게는 새로움을, 앨런에게는 노스탤지어를 준다고 한다. '노마드'(nomad)로 살아가는 삶에 더 없이 좋은 환경이다.

그렇지만 아무리 '길 위의 삶'을 사랑한다 하더라도 항상 만남과 떠남, 익숙함과 낯섦을 마주하는 것은 결코 쉬운 일이 아니다. 그런 삶에 대한 어려움을 없는지 물었지만 돌아온 대답은, 호기심과 설렘, 말 걸기에 주저함이 없기에 오히려 길 위의 삶을 사랑한다고 응수한다. 뒤통수를 한 대 세게 맞은 거 같다. 언젠가부터 나는 호기심을 잃고 완고한 방 안 통수가 되어부럿지 않은지. 한때는 나도 세계시민주의자였는데, 이제는 편견과 옹고집, 냉소와 경계심만 가득한 꼰대가 되지 않았는지.

3) 신안군 사또 박수영—신재생 에너지의 파수꾼

/

신재생 에너지는 청정에너지가 아니다!

태양광, 풍력, 수소를 이용한 에너지 생산, 즉 신재생 에너지가 대세다. 화석연료와 원자력은 인류와 지구의 적이 된 지 오래다. RE100을 들먹이지 않으면 대화에도 끼지 못할 지경이다. 조만간 신재생 에너지로 만든 반도체를 장착한 AI가 인류를 유토피아로 이끌 것이다. 오래 살아야것다.

대한민국의 신재생 에너지 총본부는 신안군이다. 8.2GW를 생산하고 있다. 30GW 발전계획이 승인됐고, 그중 5~6GW는 서남해 에너지 고속도로를 타고 용인 반도체 공장으로 송전될 것이다. 1GW는 10억 와트이며 대략 원자력 발전소 1기의 발전량 정도가 된다.

그런데 문제는 신재생 에너지가 반드시 청정에너지만은 아니라는 것이다. 탄소중립은 모르것지만, 상당한 환경파괴를 수반할 수밖에 없다. 풍력발전의 경우 해상풍차는 날개 길이만 200미터가 넘는다. 『돈키호테』나『플랜더스의 개』에 등장하는 풍차가 아니다. 아마겟돈 이후 디스토피아에서 등장하는 거인이다. 반경 500미터 내에는 접근금지인데, 소음과 진동 때문에 들어갈 수도 없다. 음파가 수중에까지 퍼져서 물고기가 살기 어려운 사해(死海)가 된다.

지금 신안 해남 영광 등에 설치된 풍차는 주로 앞 바다에 있다. 풍력발전이 시작되면 갯벌과 어장에 피해가 생긴다. 그래서 어민들은 어촌계를 내세워 피해보상을 요구한다. 어입허가를 보유한 어선이거나 구역어업면허가 있는 어촌계원이 최우선으로 보상을 받는다.

태양광이 집단적으로 설치된 곳은 대부분 염전이다. 신안의 신의, 하의, 지도, 임자 등은 우리나라 소금의 주 산지인데, 지금은 염전이 대폭 줄어들고 태양광 발전소로 바뀌었다. 고령화로 농어업 인구가 급감하고, 인력을 구하기 어려운 상황에서 주민들은 태양광업자들에게 토지를 팔거나 동네에 발전소가 들어오는 데 필요한 동의서를 써준다. 그 대가로 수백에서 수천만 원을 받기도 한다. 끝까지 반대하면 업무방해죄로 고소당하거나 천문학적인 금액의 손해배상소송을 당한다. 그렇게 시골의 땅과 염전은 사라지고 노인들이 죽어가면서 농민들은 사라진다.

옳지 않으면 맞서 싸워야 한다!

신안군은 대통령도 극찬한 주민이익 공유제를 시행하고 있다. 이른바 '햇빛연금', '바람연금'이다. 발전사업을 하려면 일단 주민동의가 필수적이다. 발전업체가 신안군에서 허가권을 얻으려면 반드시 주민동의가 필요했다. 그래서 그 허가권을 얻는 조건으로 비록 소액이지만 주민들이 각자 출자해서 만든 주민협동조합에게 사업 지분의 30퍼센트를 주었다. 사업에 따른 이익금을 주민에서 배당금 형식으로 지급한 것이 바로 햇빛연금과 바람연금이다.

주민에게 지급하는 배당금 분배는 신안군이 돈을 댄 신재생에너지재단이 맡는다. 재단 이사장을 비롯한 주민조합의 임원진 인사·운영에는 군 당국의 입김이 크고 불투명한 개입이 우려되는 게 사실이다. 주민조합의 운영에 참여권한이 있는 조합원은 극소수로만 모집하고, 대다수 주민들은 회원으로 모집하는 사건이 벌어지기도 했다.(일반회원의 경우 조합원 지위가 없으므로 의결권과 선거권 등이 사실상 제한된다.) 조합 설립과 운영 및 수익금 분배과정이 공개되고 일반 주민들의 참여가 보장되지 않는 실정이기에 주민들이 밀실행정이라고 반발하고 비판하는 대목이다.

군수의 허가권과 사업권을 견제하고 감시할 군의회가 제대로 작동되지 않는다는 비판도 높다. 4선 군수의 지배력이 막강하기 때문이다. 주민이익 공유는 참가 지분만큼 손실 책임을 진다는 의미가 된다. 그렇지만 향후 사업 책임이나 분배구조에 대해 잘 아는 주민은 그리 많지 않아 보인다. 신안군이 자랑하는 신재생 에너지 이익공유제가 실상은 피해보상금을 회피하는 편법이라는 의혹제기도 꾸준하다.

신재생 에너지 정책에
이의를 제기하는 박수영

박수영은 신안군에서 신재생 에너지 사업의 문제점과 주민이익 공유제의 허구성을 지속적으로 제기하는 주민이다. 신안군 압해읍 앞에 있는 작은 섬 효지도 출신이다. 목포에서 자라서 서울의 한 대학에서 사회사업을 전공하고, 지금까지 서울과 목포에서 사회복지사업 단체에서 일하고 있는 '베테랑'이다. 그는 해병대 대위로 복무한 이력이 있는데, 키도 크고 인물이 번듯하다.

원래는 마을공동체 사업을 하려고 귀향했는데 고향 마을을 파괴하는 태양광 사업과 지자체의 주민 회유 및 압박을 보면서 반대운동을 하게 되었다. 그래서 그는 요즘도 목포 시내와 신안군청 앞에서 출근길 1인 시위를 하고 있다. 12년째 외로운 싸움을 하고 있는데, 지치지 않고 할 수 있는 원천이 해병대 '곤조'라고 자평한다.

그에 따르면 태양광의 경우 농토와 염전 등에 대한 재산권 행사를 방해하고, 패널에서 반사되는 복사열은 농작물에 피해를 주며, 그 부산물은 환경오염물질이 된다고 한다. 그래서 결국 신안은 풍력과 태양광에게 농사와 염전, 갯벌과 어장을 내준 대가로 연금을 받지만 시간이 지나 연금받는 노인들이 죽고 나면 공도(空島)가 된다.

돌아가는 꼬라지에 하도 성질이 나부러서 지난번 전남도의원 선거에 무소속으로 출마해서 선거사무소도 없이 사또 복장을 하고 나 홀로 신안을 누볐다. 딱 20일 선거운동을 했음에도 12퍼센트를 얻어서 선거기탁금을 돌려받았다. 아직도 공공연하게 돈 봉투가 오간다는 소문이 들리는 신안의 선거판에서 '듣보잡'이 이룬 작은 기적이었다. 선거비용으로 총 800만 원을 썼단다.

애향 사또가 필요한 이유

얼마 전 신안 바다 건너 해남 솔라시도 지역에 AI 데이터 센터와 SK의 컴퓨팅 센터가 들어오기로 선정됐다. 전남도지사는 전남 천년 이래 최대 사건이라며 눈물까지 흘렸다. 거기에 소요되는 에너지는 RE100이 충족되는 신안 해남의 신재생 에너지가 선정조건이다.

발전과 번영에는 대가가 따른다. 산업혁명에는 화석연료와 핵 개발로 인한 심각한 환경파괴와 지구온난화가, 반도체 혁명에는 풍력, 태양광의 부작용으로 인한 농어촌 소멸이…. 어쩌면 이왕 없어질 농촌과 어촌, 섬들을 대도시를 위한 에너지 생산공장으로 재활용되는 것이 아닌지 의심스럽다. 그러나 아직도 박수영처럼 섬에서 살고자 하는 사람들이 있다. 천사의 섬 신안은 거대한 전환기에 들어섰다. 박수영 같은 애향인 신관 사또들이 꼭 필요한 이유다.

4) 김대중!

/

차마 부를 수 없었던 이름

김대중 씨. 다들 그렇게 불렀다. 어른이나 애들이나. "다이초상"이라고 부르기도 했다. 원래 '긴다이추'라는 일본어 발음이 와전된 것이다. 다들 쉬쉬하면서 우리끼리 있을 때만 부르는 은밀한 이름이었다. 언젠가는 돌아올 '메시아'였다.

내 청년기에 그 이름은 질곡으로 작용했다. 나는 민중과 노동의 이름으로 여러 차례 그 '성역'을 침범하려고 했지만 신성모독에 그치고 말았다. 1987년 겨울에 내 희망은 '보라매'가 아니라 '대학로'(당시 대선에서 김대중의 평민당은 서울 보라매공원에서, 민중후보 백기완은 서울 대학로에서 집회를 열었다.)에 있었고, 1992년 대선 때는 아예 목포에서 민중후보 선거본부장 노릇을 했다. 그 때문에 불화와 배제, 분열주의자라는 딱지가 붙었는데, 솔까 빨갱이 취급보다 더 징했다.

1988년 봄에 딱 한 번 그와 만나서 악수를 한 적이 있는데, 코와 신발이 컸다는 기억이 난다. "당사에서 시끄럽게 하지 말고 권노갑 의원과 상의하라"고 했다. 권노갑 씨는 인상과 달리 아쌀하고 인정이 있는 사람이었는데, 목포 출신 이 아무개 등 똘마니들은 정치 브로커나 협잡꾼들 같았다. 그들이 민주화에 한푼어치라도 기여했다는 소리를 들은 적이 없다.

목포에서 6대 국회의원
당선인사를 하는 김대중
(1963)

20대 초반부터 목포 평민당사를 들락거리면서 정당이란 게 뭔지를 봤다. 거기 모인 보좌진, 당 간부, 당원들 대부분은 내 눈에 한심한 건달처럼 보였다. 사무실과 회의실에 비치된 전자 빠칭코 기계로 도박을 하거나, '짤짤이(동전치기)'를 해서 1층에 있는 황실다방에서 커피를 배달시켜 묵었다. 도대체 DJ는 저런 작자들과 무슨 정치를 한다는 것인지 이해할 수 없었다. 물론 민주화추진협

의회(민추협)이나 국민운동본부에 참여했던 고참 신민당원들이 있었는데, 그들은 한국의 민주주의를 위해 헌신하고 참여한다는 자부심이 있었다.

DJ를 둘러싼 갈등과 대립

목포 지역에서 노동운동을 하다가 해고당한 노동자들이 있었다. 이 문제를 해결하는 과정에서 사측과 민주당이 협의를 해서 노동자들이 복직하는 일이 있었는데, 이때 합의가 당직자들의 사술과 농간임이 밝혀졌다. 해고자를 복직시키기 위해 무던 애를 쓰던 우리는 중간에서 호구가 됐음을 알았고, 그때부터 민주당류는 이른바 '호남기득권연합'으로밖에 보이지 않았다.

그 뒤로 운동권 다수파와 잦은 갈등과 반목이 시작됐다. 흔히 NL과 PD의 대립이라고 했지만 거의 모든 문제는 DJ에 대한 지지와 추종 여부였다. 다시 말해 DJ 노선에 대한 태도가 결정했다. 우리는 독자파를 자처했고 추종파를 비판했다. 호남정치 1번지라는 목포에서 독자파는 '매향노' 역적 신세였다.

세월이 지나고 보니 그런 차이는 오히려 사소한 것이 되었다. 오히려 추종파의 배후에 있던 주체사상파들을 비난하면서 자칭 '계급좌파'라고 완장질 하는 자들이 더 야비하고 인간실격에 파렴치한 경우가 많았다. 내가 운동권 전반에 회의를 품어서인지도 모르겠다.

책임과 역할을 방기한 정치인들

1997년 정권교체 다음날부터 호남선과 경부선 열차가 뒤바뀌었다는 둥, 삼성이나 현대 같은 대기업은 물론 정부 기관에서 찬밥 신세였던 호남 출신들이 벼락출세를 했다는 둥 별의별 소문이 다 돌았다. 다른 건 몰라도 호남선 열차만큼은 그대로였다. 물론 공무원 중에 그때의 시운을 타고 높은 자리에 오른 사람을 있는 걸 본 적이 있다. 또 그런 이야기도 적잖게 들었다. 특히 검찰과 경찰, 군, 중앙부처 5급 이상에서.

그렇지만 김대중이 집권하는 동안 목포가 특별대우를 받은 근거는 없다. 여전히 가난했고 달라진 것도 없었다. 한심한 중생들은 목포에는 IMF가 없었다고 했지만, 원래 없는 집구석이 겪는 생활고가 새삼스럽지 않은 것뿐이었다. 가난에 가난을 더 해봐야 가난밖에 더 있겠는가. 한라중공업(현재 HD삼호중공업)은 김영삼 때 이미 내려온 것이고 전남도청 이전 확정은 전남 내부의 일이었다.

장남 김홍일이 목포에서 내리 두 번 국회의원을 했다. 그 시기야말로 전남도청이 이전되면서 목포과 무안, 신안 등 전남 서남권이 광대역으로 통합할 골든타임이었다. 그때 전략적 결단을 했다면 지금 속수무책인 지역 소멸 위기는 예방하거나 연착륙할 수 있었을 것이다.

그러나 자기 몸조차 제대로 가누지 못한 김홍일 의원의 8년 동안 목포는 블랙홀에 빠졌다. 그 시절 김홍일을 감싸고 돌았던 민주당 정치인들이야말로 '매향노'(賣鄕奴)라고 생각한다. 눈앞의 작은 정치적 이익을 위해 자기 고향을 팔아먹은 것이다. 그 뒤 DJ

의 영원한 비서실장 박지원이 이어받아 내리 3선을 했다. 그에게
는 지역구 목포보다 주군의 비서 역할이 더 중요했다. 정치 9단이
라고 하지만 정치는 요령이 아니다. 자기 노선과 세계관이 있어
야 한다. 지역구에서 선출되었으면 지역구의 현안을 파악하고 미
래를 설계해야 한다. 그리고 박지원은 여론이 불리한 목포를 떠나
서 해남으로 가버렸다.

김대중을 죽여야 김대중이 살아난다

김대중은 고난의 정치인이다. 박정희와 전두환은 목숨까지 위협
할 만큼 벼랑 끝으로 몰고 갔지만 그는 부활했다. 고난의 크기만큼
영광도 큰 법이다. 그래서 그는 '민주화의 화신'이 되었다.

그는 호남의 한과 열망을 한몸에 받아서 오뚝이처럼 3전 4기를
했지만, 호남인들에게 진 빚이 발목을 잡는 원인이 되기도 했다.
3김 중에서 김영삼은 타고난 승부사였고, 김종필은 술(術)에 능통
한 두뇌였지만 김대중은 언(言)으로 대중을 사로잡았다.

대통령제는 박정희나 양김씨 같은 유능하고 카리스마 있는 인
물이 있어야 가능한 통치구조라고 생각한다. 나머지 정치인들은
내각제의 수상에 더 어울린다. 그를 가장 반대했던 「조선일보」가
표현했던 것처럼 김대중은 "한국 현대사의 기인"이었다. 나는 그
에 대한 삐딱한 반대자였지만 1997년의 대통령 당선을 보면서 그
나마 다행이라고 생각했다.

민주당이 독점하는 지방자치제와 정권교체 이후 김대중은 신
화로 숭상되더니 사후에는 박제돼버렸다. 그리고 여기저기서 '관

장사'가 끊이지 않는다. 그 장사꾼들은 DJ의 사상과 노선의 기본 얼개조차 제대로 알지 못한다. 잘해봤자 거리와 광장, 건물과 다리에 김대중 이름을 붙이면서 우상숭배를 한다. 그런 지경이니 호남정치는 유훈과 기념에 그치고 새로운 인물과 개혁정치는 질식하고 만다. 그런 세월이 30년이 넘었다. 김대중을 죽여야 김대중이 살아난다.

(원고를 다듬는 중에 전남지역 민주당 국회의원이 목포대학과 순천대학을 합쳐서 교명을 '국립김대중대학교'로 하자는 기자회견을 열고 있다. 이런 현실이 무한반복되고 있다.)

5) 김지하

/

저항자와 변절자 사이

목포는 김지하에게 박절했다. 김지하는 DJ 다음으로 목포가 낳은 걸출한 인물이라고 할 수 있다. 그의 말년 행적, 특히 1991년 5월 소위 '분신정국'에서 「조선일보」에 쓴 '죽음의 굿판을 걷어치워라'라는 칼럼과 생각지도 못한 박근혜 지지선언이 주홍글씨가 됐을 것이다.

김지하가 맛이 갔다는 소문이 공공연했고, 이러저런 구설수와 이해하기 힘든 행보가 겹치면서 변절한 왕년의 저항시인으로 낙인찍혔다. 한국의 민주화 운동 서사에 비춰볼 때 그의 변절은 용서할 수 없는 일이었다. 그래서인지 목포시가 운영하는 목포문학관을 비롯한 목포시 어디에도 김지하의 삶과 문학을 기념하는 곳은 없다. 한국현대사의 한 페이지를 장식하는 거물의 고향이지만, 기념행사는 고사하고 흉상조차 없다. 다만 유달산 옆구리 어민동산 오솔길 옆에 작은 시비가 하나 서 있을 뿐 목포에서 김지하의 흔적은 찾기 어렵다.

문학의 뿌리는 목포

김지하는 목포시 연동 출신이다. 목포중 2학년을 마치고 원주로 떠났지만, 그의 회고록 1권에는 고향 목포에 대한 기억이 가득하다. 그의 할아버지는 신안 암태도에서 나와서 동학에 가담했고, 아버지는 학살을 겨우 면한 보도연맹원이었다. 그래서인지 그의 유년기는 목포에 몰아친 해방정국의 혼돈과 6·25에 대한 공포가 생생하다. 그와 교유했던 목포 출신 문인 천승세나 김현, 최하림 시인에 대한 기억도 있다. 이 세 사람은 모두 목포문학관에 헌정돼 있다.

1960년대에 청년 김지하는 4·19에 가담했고, 이듬해 5·16 군사쿠데타가 일어나 수배를 당하자 목포로 피신해 부두노동자와 광부로 살기도 했다. 그는 유달산과 오거리 시내에서 예술가과 어울리는 등 목포를 자양분으로 성장한 문학청년이었다. 그가 '지하'라는 필명으로 처음 시를 발표한 것도 『목포문학』(1963.03)이었다. 목포가 그의 인간적·문학적 뿌리라는 건 이론의 여지가 없다.

십수 년 전 김지하와 중학교 동창이었다는 당시 목포시장이 연동 어딘가에 집을 사서 김지하 문학관으로 만든다는 얘기가 있었지만 실현되지 못했다. 그리고 얼마 전에는 목포시에서 김우진 집이 있는 북교동에 목포문학마을을 조성해서 김지하 코너도 만든다는 소식을 들었다. 그동안의 냉대에 비하면 좋은 방향으로 나아가는 듯하지만, 그 형식과 내용이 어떨지 궁금하다. 김지하 정도면 이러저런 논란과 호오가 있다고 해도 적어도 이난영급으로 대하는 것이 마땅하지 않을까.

김지하의 대표적인 시집
『황토』(1970 초판, 1984 개정판)와
『타는 목마름으로』(1982)

고향이 품어주어야

2026년에 북교동에 조성한다는 목포문학마을이 작가의 소장품이나 사진, 책자만을 전시하는 형태로 운영되지 않기를 바란다. 문학은 대중이 즐기고 소비할 수 있는 형태의 문화로 가공돼 제공되어야 한다. 개인의 삶을 위무하고 함께 어깨동무할 수 있는 친구가 된다면 살아 있는 문학이 될 것이다.

김지하 코너에 대중에 널리 알려져 있는 시 외에도 그의 독설과 망언까지 오롯이 기록해놓으면 좋겠다. 그게 더 인간적일 뿐아니라 문학의 본령에도 맞지 않겠는가. 어쨌든 그가 태어난 연동 원둑 부근이나 산정초등학교에 그를 기리는 조형물 정도는 있었으면 좋것다.

김지하(2002)

　논란이 있지만 어쨌든 박정희 군사정권의 철권통치에 균열을 낸 민주화 투사이며, 뛰어난 문인이었다. 김지하 정도 거물이면 자신이 뱉은 정치적·사회적 언행과 판단에 대해 무거운 책임을 져야 마땅하것지만, 그가 독재와 파쇼에 부역하지는 않은 이상 적어도 고향에서는 그의 문학과 반독재 투사로서의 업적과 성취에 대해서만큼은 제대로 평가해줘야 하지 않겠는가.

　실제로 그는 박근혜에 대한 지지가 잘못이었다고 참회도 하지 않았는가. 고향은 그린 곳이이야 한다. 너무 야바하게 굴지 말자. 여기는 고향이다. 이제 그는 가고 없다. 늦었지만 이제라도 김지하의 자리를 만들자. 우리가 '타는 목마름으로'를 부르는 만큼이라도 그의 삶을 조명하자.

6) 손혜원 현상 혹은 소동

메시아인가 투기꾼인가

조금 시간이 지났지만 몇 년 전 목포가 전국 방송에서 톱뉴스로
오르내린 사건이 있다. 바로 전 민주당 국회의원이었던 손혜원을
둘러싼 부동산 투기 의혹이었다. 사법적으로는 벌금형으로 결론
이 났지만 나 같은 소수를 제외한 보수와 진보 양쪽에서 손혜원을
지지했다. 당시 손혜원은 탁월한 문화적 안목과 뛰어난 사업수완
으로 죽어가는 목포를 살릴 구세주로 등장했다.

손혜원은 마치 미다스의 손처럼 폐허가 돼가던 목포 구도심을
지붕 없는 근현대사 박물관으로 변신시켰다. 물론 나는 '삐딱이'답
게 「한겨레신문」 2019년 1월 28일자 지면에 손혜원이 목포에서 벌
이는 여러 사업에 대해 비판하는 글을 기고했다. 당시 목포 출신
의 정의당 소속 윤소하 의원은 손혜원이 "목포를 정치투전판으로
만든다"고 맹비난하기도 했다. 2019년 초부터 손혜원에 대한 여
론은 크게 양분되었다.

나카마치, 사쿠라마치, 구 동양척식주식회사 목포지점, 구 일
본영사관, 갑자옥 등 만호동과 유달동에 흩어져 있는 식민지시대
건물과 가옥은 한눈에 봐도 문화재로서 가치가 있다는 사실을 알
수 있다. 물론 식민잔재라고 할 수 있다. 이들을 모두 없애자는 주
장을 할 수도 있다. 그렇지만 이런 유형의 유산을 식민잔재라고 두
부 자르듯 재단해서 모조리 없앨 수는 없다. 간혹 신문 주말판에

이런 목포 구도심을 소개하는 여행기가 실리기도 했다. 그럼에도 불구하고 끝 모를 침체에 속수무책이던 목포, 특히 쇠락한 구도심은 미래를 기약할 수 없는 중환자 신세처럼 보였다.

열풍의 이면

그런데 실력 있는 문화사업가 손혜원이 목포를 숨은 보석이라고 호명하면서 관광문화 도시로서의 비전을 제시했다. 그 비전의 현실적 성사 여부와 관계없이 목포 입장에서는 손의 메시지는 복음이나 다름없었다. 이처럼 메시아 손혜원 열풍의 이면에는 지푸라기라도 잡고 싶은 가난한 목포의 발전에 대한 욕망이 도사리고 있었다. 이윽고 손혜원 측근들의 부동산 투기를 둘러싼 논란과 시장과의 유착, 개발정보 사전 유출 등 온갖 의혹과 소문, 억측이 난무했다. 희망과 기대에 부풀었던 목포는 이내 이전투구의 현장으로 바뀌고 말았다.

손혜원을 옹호하는 여론은 목포가 땅 투기라도 할 만한 도시였냐고 목소리를 높였다. 손이 나타나서 땅값이 올랐을 뿐 아니라 관광객이 늘고 전국적인 주목까지 받았다면서 문제의 만호동과 유달동 일대를 "손혜원거리"라고 불렀다. 반대여론은 손혜원이 가난한 목포를 자신의 문화왕국으로 만들려는 속셈이 아닌지 의심하면서, 투기바람을 일으켜서 외지인들 배만 불리는 게 아니냐면서 비판했다. 실제로 근현대사 관광지로 개발을 추진하던 단계에서 갑작스런 손의 등장은 땅값의 상승을 불러일으켰다. 당연히 그로 인해 토지의 수용이 어려워지기는 부작용이 발생했다.

　손혜원은 목포 시민으로 살겠다고 수차례 공언했지만 그렇게 하지 않았다. 2024년에는 자신이 소장한 나전칠기 작품을 기증하는 조건으로 시에 박물관을 지어달라고 요청했다. 이번에는 이전의 사업에 비해 비판 여론이 더 높았는지 추진계획은 유보되는 것으로 결론이 났다. 사실 목포가 역사적·문화적으로 나전칠기와 어떤 관련이 있는지 모르것다.

욕망과 공포

　손혜원은 끊임없이 지역 정치에 개입했다. 전 시장과 동맹을 맺어서 열심히 선거운동을 했고, 지난 2024년 총선에서는 송영길 전 민주당 대표와 함께 소나무당을 만들어서 목포를 중심으로 세력 확대를 꾀했다. 그렇지만 모두 실패했다. 예상과 달리 본인도 지역에 출마하지는 않았다. 그럼에도 여전히 '목포 발전'을 설파하고 있는데, 지역에 터 잡은 꾸준하고 체계적인 정치활동은 하지 않고 있다. 손에 대한 지역의 관심과 인기 또한 매우 식었다.

　손혜원 현상은 목포 발전에 대한 욕망과 쇠락에 대한 공포심이 그 배경이다. 메시아는 없다. 김대중조차 재임 중 고향 목포에는 실질적인 도움을 주지 못했다. 호남에 신세를 진 노무현에게도 목포는 제대로 '수금'을 하지 못했다. 이재명 정부는 호남의 특별한 희생에 대한 특별한 보상을 주장하면서 '공신책봉'을 하려는 분위기지만 그런 특혜는 장기적으로 전라도에게 더 큰 부담이 될 뿐이다.

　손혜원이 목포 시민이 되어 자신의 경험을 공유하고 실력을 발휘하겠다는 데에 딴죽을 걸 사람은 없을 것이다. 그렇지만 선의와 신념보다 중요한 것은 합리적인 절차를 존중하고 솔직하고 정직한 소통으로 대중의 신뢰를 얻어야 한다는 것이다. 무지몽매한 촌놈들을 계몽하려 든다거나 뭔가 욕망 부풀려서 자신의 이익을 도모한다면 적어도 목포에서만큼은 결코 뿌리를 내리지 못할 것이다.

다음 글은 당시 손혜원 의원을 둘러싼 논란이 벌어졌을 때 내가 「한겨레신문」에 기고한 글(2019.01.28)이다.

불 꺼진 항구에서 전국구 스타 지역이 되어버린 내 고향이 이제는 어느 정치인에게서 '목포는 호구'라는 민망한 비유까지 듣게 되었다. 하지만 목포를 둘러싸고 어지럽게 교차하는 부담스럽고 낯선 말 중에서도 '목포가 과연 투기(라도)할 만한 곳이던가?' 식의 주장에 각별히 마음이 아프다. 이 외부의 시각이 주는 불편하지만 엄연한 현실에 드는 열패감은 촌놈의 새삼스러운 자격지심일까.

목포 또한 투기 불능 지역이 아니다. 지난 수십 년간 서울의 큰손들은 탁월한 안목으로 연륙이 예상되는 신안의 섬들을 꾸준히 사들였다. 불과 몇 년 전만 해도 구도심과 신도심을 막론하고 몰아친 아파트값 폭등과 투기 붐의 배후에는 외지 투기 자본의 기획과 선동이 있었다. 심지어 구도심에는 45년이 넘은 3300만 원 하는 낡은 방 두 칸짜리 아파트조차도 주인의 태반이 '언젠가 재개발'에 대비한 서울 사람들이라는 믿을 만한 소문이 돈다.

'어디 투기할 데가 없어 목포냐'는 식의 주장은 수도권 중심적 사고에 갇힌 오만한 편견이거나, 손혜원 의원을 옹호하는 당파적인 열정에 불과하다. 평소 멀쩡한 유달산에 네온을 심고, 2차선 구도심 길 사이에 빚을 내서 초고층 빌딩을 랜드마크로 세우는 근본 없는 이벤트식 토건 개발이 아니라 개성 있고 문화 중심적인 지역 개발을 열망했던 시민의 한 사람으로서, 손 의원이 보여준 목포에 대한 남다른 예술적 안목과 문화적 애정은 충분히 존경받을 수 있다. 하지만 문화인이자 예술기획자 손혜원에 대해서는 후한 평가를 할 수 있으나 손혜원 '의원'의 역할과 임무는 격이 다르다.

먼저 손 의원은 공적인 사업을 지극히 사적인 관행으로 접근하고 추진했는데, 이는 직업윤리를 망각한 잘못이 크다. 아마도 공익과 공적인 의지를 혼동했기 때문인 듯하다. 공적인 가치는 공적인 절차를 통해서 추진되어야 비로소 공익으로 인정된다. 문화의 진흥과 보존을 자신에게 익

숙한 문화 비즈니스 방식으로 풀어내려 했던 것이 손 의원
의 근본적인 오류라고 생각한다.

손 의원이 탁월한 능력을 발휘해서 목포의 마담 드 메디
치, 혹은 찰스 사치 같은 문화 설계자가 되고 싶었다면 사
업가의 지위에서 했어야 옳다. 그런 점에서 '목포를 위해
서 그렇게 노력했건만 돌아오는 것은 결국'이라는, 손 의
원의 에스엔에스(SNS)를 통한 호소는 사인의 심정과 공인
의 의무에 대한 착오에 지나지 않는다.

이렇듯 손 의원의 문화적 공명심과 역사와 문화를 매개
로 침체를 벗고 지역 경제를 활성화하고 싶은 목포 시민의
숙원이, 전국적이고 보편적인 공공성의 기준과 갈등하는
것이 이번 사태의 본질일 것이다.

보다 근본적인 배경은 이렇다. 첫째, 지방자치 이후로
지역 발전과 성장에 대한 거시적이고 전략적인 청사진을
마련하지 못했기 때문이다. 신도심 개발과 전남도청 이전
이후로 목포권은 도시의 중심이 뚜렷하지 않고, 인구적 동
질성에도 불구하고 각 권역이 공간뿐 아니라 사회경제적
분리현상이 깊어지고 있다. 문제가 된 만호동 일대만이 아
니라 구도심 전역과 신도심, 나아가 도청 소재지인 남악지
구를 아우르는 총체적인 전략이 절실하다.

둘째, 지역 개발을 추진할 때는 전문가와 행정권력만의 결정이 아니라 시민이 쉽게 참여할 수 있는 통로가 확보돼야 한다. 정례적인 설명회와 시민 제안 등으로 그때그때 정보가 공유되었으면 좋겠다.

아울러 역사와 문화예술 본연의 보편적이고 개방적인 특성에 부합하게 사업 진행 자체를 함께 만드는 축제와 같은 연속적인 이벤트로서 전국의 문화 애호 시민들과 교감할 수 있는 노력을 기울였으면 한다. 이 사건으로 목포가 주목받는 기회를 활용해서 사업 진행 과정을 공유할 '국민 모니터단' 등을 꾸려서 근대문화역사공간 조성의 민주성과 전국적 정당성을 높이는 방도가 치열하게 고민되었으면 한다. 목포가 쇠락과 낙후라는 고정관념에서 벗어나기를 바라는 향토인의 마음에서 하는 말이다.

손영득 목포 시민(목포시 용해동)

19
목포 사람 II

1) 서산동의 레전드 정명자
/

서산동 토박이 정명자

엄마 잊지 마세요

엄마 기억하세요?

전라도 목포 서산동 골짜기에서

오징어 따고 조개 까던

얼어버린 시간 손끝 호호 불던

그 지루했던 밤의 노래를

—

방직공장에서 데모하다 해고당한 딸을

시커먼 경찰들이 감시하고

어느 날엔가

쇠고랑 차고 엄마를 대하던 딸 앞에서

통곡하던 엄마

잊지 않으셨지요?

정명자 시집 『동지여 가슴 맞대고』(1985)에서

1980년대 노동자 시인으로 박노해가 유명하지만, 나에게는 『노동의 새벽』(1984)보다 '서산동'이 나오는 정명자의 시가 더 와 닿았다. 두 시인은 58년 개띠이고 노동운동을 했다. 1978년 3월 새벽 여의도광장에서 열린 부활절 연합예배 도중 20대 여성 노동자 여섯 명이 단상에 뛰어올라가 마이크를 잡고 외쳤다.

"체불임금 지급하라!"
"동일방직사건 해결하라!"

생방송은 중단됐고 여성 노동자들은 즉각 경찰에게 끌려 내려갔다. 그리고 채 스무 살밖에 되지 않은 독실한 기독교 신자 정명자는 구속됐다. 독재자 박정희의 유신 치하에서는 합법적인 노조활동조차 금지됐고 중앙정보부와 경찰의 감시와 통제를 받아야 했다.

정명자가 언니의 주민등록증으로 입사했던 동일방직은 당시 여공들에게 선망의 직장이었지만 1분 140보 노동으로 유명한 빡세고 빡센 공장이었다. 경찰의 강제진압에 맞서 반(半)나체시위까지 벌였던 동일방직 노조는 70년대 민주노조운동의 상징이었고 한국의 자유노조였다.

동일방직 시절 정명자(맨 오른쪽)

경찰에 맞서 나체 시위에
나선 동일방직 노조(1976.07.25)

회사 측과 중앙정보부의 사주를 받은 어용노조원들이 노조집행부 여공들에게 똥물테러를 가했고, 끝내 124명이 집단해고됐다.

271

그런 시대였다. 그러나 이듬해 1979년 가을 영원할 것 같았던 박정희 독재정권은 일자리와 월급을 빼앗긴 어린 YH여공들의 생존권 투쟁을 탄압하다가 무너지고 말았다. 공순이가 군바리를 이긴 것이다.

정명자는 목포 서산동 토박이다. 전쟁 직후 목포는 피난민과 실향민으로 북적거렸는데, 정명자의 부모도 월남한 실향민이었다. 그녀의 어린 시절은 학교가 파하면 엄마를 도와서 수협공판장으로 내려와 조개를 까고 미역을 다듬는 일을 했다.

1965년 한일협정으로 조개와 김을 비롯한 여러 해산물을 일본에 수출할 수 있는 길이 열렸기 때문이다. 부지런한 뱃사람이었던 부친은 자기 어선을 마련하는 데까지는 성공했지만 사업에 실패했고, 궁핍한 생활 끝에 식구들은 인천으로 이주했다.

정명자는 우등생이었다. 서산국민학교 다닐 때 웅변으로 상을 받았고, 밴드부 활동도 했으며 항상 완장을 찬 임원진이었다고 한다. 그래서 혜인여중에 진학(평준화 1회)해서도 3년 내내 우수반이어서 전남 서부권 최고 명문인 목포여고 진학을 앞두고 있었다. 그러나 부친의 파산으로 학업을 접고 언니를 따라서 부산 합판공장으로 떠나야 했다.

노동자 시인 정명자

"명자는 서울 가서 깡패 되아부럿당께~"

동일방직 해고자 정명자가 1970~80년대 민주화운동과 노동운동
으로 수배되고 교도소를 들락거릴 때 서산동에서는 그런 소문이
돌았다. 명자는 1980년 계엄령 위반으로 두 번째 구속됐다. 그리
고 자신의 노동과 삶을 일기처럼 기록해놓은 시를 모아서 시집을
냈다. 1985년이었다.

혜인여중 재학 시절(1971, 가운데)

그 해 봄에 나는 전단지 한 장을 들고 서울 영등포구 문래동 마
치꼬바 골목 어딘가 작은 가정집에 차려진 기독교노동자연맹(기노
련)을 찾아가 유동우 회장을 만났다. 당시 구로공단 노동자 일당
으로는 최저생계비 미달은 물론 하루 세 끼 김치찌개를 사먹기도
어렵다는 현실을 마주하고 멘붕이 왔었다. 그 강렬하고 '순진한'
경험이 나를 노동운동으로 인도했다.

그 뒤로도 콘트롤데이터를 비롯한 70년대 민주노조운동의 주역들을 만나러 다녔다. 대부분 30대 초중반 여성들이었다. 그로부터 3년 뒤에 야간학급을 다니는 어린 여공 수백 명과 4~50대 아줌마들과 함께 공장에서 파업을 했다. 나는 페미니즘을 지지하지 않지만 노동하는 여성을 존중할 줄은 안다.

한국여성노동운동의 개척자였던 정명자는 몇 년 전 암과 힘겨운 싸움을 벌였지만 거뜬히 이겨냈다. 지금도 더 나은 세상을 만들기 위해 열심히 일하고 있다. 주거운동과 교육개선운동에도 꾸준히 참여했다.

정명자 시집 『동지여 가슴 맞대고』(1985, 풀빛)

그리고 무엇보다 글을 쓰고 있다. 인천 작가들과 함께 시를 쓰고 있다. 조만간 또 시집이 나올지 모르것다. 명자가 나고 자란 서산동은 인문도시 시화마을로 지정돼 있다. 골목 담벼락에는 주민들의 사연을 담은 시도 있는데, 그 어디에도 노동자 시인 정명자의 흔적은 없다.

문학도시를 선언한 목포시는 격년으로 문학제를 연다. 당선작은 최대 1억 원의 상금도 준다. 나는 정명자가 목포문학제에 초청받아 신작시를 낭독하는 장면을 상상한다. 그리고 공로상을 받는 광경을 상상한다. 모교인 서산초등학교와 혜인여중에서 손주 같은 후배들에게 자신의 학창시절을 웃으며 들려주는 모습을 상상한다.

목포에게 요청한다! 정명자의 금의환향을!

2) 맞짱계 대부, 시골관장 김대영

수컷의 본능

1975년생이니까 오십 줄을 넘어섰다. 그는 목포 지역 격투 스포츠의 선구자이고 대부다. 나고 자란 고향은 수원인데 2001년에 아무 연고도 없는 목포로 왔다. 원래 격투기를 수련하지는 않았는데, 당시 막 등장하던 격투 스포츠를 보고 마니아가 되었다고 한다. 그래서 목포에서 동호회까지 만들어서 비디오를 보면서 수련을 시작했다.

그러다가 목포역 부근에 프라이드 체육관(목포 궁시판)을 오픈한 게 2003년인데, 지금까지 종합격투기 체육관장으로 활동하고 있다. 23년차 시골 체육관 관장. 그가 격투기에 처음 빠져들던 때는 프라이드, K1, UFC, 판크라스, KOTC 같은 일본과 미국의 격투기가 국내에 막 소개되던 시점이다. 나 또한 그때부터 지금까지

변함없는 MMA(종합격투기) 마니아다. 어설프지만 암바 기무라쯤
은 흉내 낼 줄 안다.

목포의 프라이드 시골관장(맨 오른쪽)
전 헤비급 챔피언 정철현 선수(맨 왼쪽)

남자들은 십대부터 칠십대까지 주먹다짐에 대한 로망이 있다.
아쌀하게 맞짱 떠서 삔들거리는 싸가지들을 제압하고 싶은 수컷
의 본능. 그것이 격투 스포츠에 열광하는 정서의 밑바탕에 깔려
있는 심리다. 한편으로 격투기는 상대를 때려눕히기에 앞서 자신
을 단련함으로써 한계의 지평을 넓히는 자기수련과 도전과정이
다. 입에서 단내가 나도록 구르고 뛰고 휘둘러야 비로소 배울 수
있다. 바람의 파이터 최배달의 가라테는 극진(極盡)공수도다. 따
라서 MMA는 심신을 단련하는 일종의 무예이고, 그래서 스포츠
맨십이 기본이다.

동네에서 힘 좀 쓰는 청년들이 처음에는 싸움의 기술을 배우려

고 오지만 접대 스파링 한 번으로 '급' 겸손해지고 얌전한 수련생
이 된단다. 무슨 분야든 자존감이 있고 자기수양 과정을 거친 베
테랑들은 사람을 대하는 데 있어서 여유와 배려가 넘친다. 나 같
은 인생 하수들이야말로 잘난 체하고 예민하게 굴면서 인정받으
려고 기를 쓴다.

시골관장, 멸치관장

시골관장은 슈퍼코리언 권아솔, 전 헤비급 챔피언 정철현을 비롯
한 유명 선수 및 지도자를 키워내기도 했고, 별도로 목포 지역에
서 주말 아마추어 리그를 운영할 정도로 격투 스포츠를 활성화시
켰다. 지금은 시골관장에게 배운 제자들이 외지에 나가서 더욱 체
계적으로 '주짓수' 등을 배워와 체육관을 차렸고, 긍지관도 젊은
에이스 멸치관장 이 관장을 중심으로 운영되고 있다.

　긍지관에 찾아가 만난 시골관장은 목포 사람들은 말투가 거칠
고 다소 공격적이어서 오해받기 십상이지만, 막상 좀 겪어보면 속
살은 여리다고 했다. 가난과 고립이라는 지역의 역사적 경험이 폐
쇄성과 자기방어기제를 작동시켰다고 분석했다. 오거리 서산동
수노아파 소속 건달들이 도전해서 스파링을 붙여줬던 에피소드도
재밌게 들려주었다. 덩치 큰 건달들이 고등학생 선수에게 자존심
이 팍팍 구겨졌단다. 그런저런 도장깨기 도전기와 참교육대결 과
정 등을 유투브 쇼츠로 만들어서 업로드하고 있다. 나도 물론 애
청자이다. 유튜브 채널명이 "시골관장"이다.

　목포 격투스포츠의 메카인 긍지관은 3호 광장에 있다. 지하 체

육관은 관록과 포스가 풍긴다. 시간의 땀 냄새가 났다. 얼마나 많은 사연들이 이 매트와 링 위에서 뒹굴었을까.

멸치관장
복싱과 무에타이를 베이스로 한다.

주먹의 역사를 격투 스포츠로 승화·발전시키는 노력과 아이디어도 필요하다. 무예를 수련하면 위험에 대처하는 능력이 생기고 자존감을 높일 수 있다. 야비한 폭력에 저항할 수 있을 뿐 아니라 스스로의 오만이나 기고만장을 제어할 수 있는 겸손함을 배울 수 있다.

중고교 시절에는 의무적으로 태권도나 유도 같은 운동을 배우게 하는 학교들이 있었는데, 요즘은 잘 보이지 않는다. 체육교과조차 형식적인 판에 오죽하겠는가. 청소년들에게 1인 1스포츠를 적극 권장해서 의무적으로 배우게 하면 좋겠다. 그것이 격투기든 구기종목이든, 아니면 또 다른 스포츠든. 그래서 시골관장과 멸치관장을 비롯하여 지역에서 체육 활동을 하는 분들의 열정과 스포츠 혼에 정책적 지원이나 비즈니스 투자가 있다면 독특한 문화 스포츠 자원이 될 수 있지 않을까.(운동 문의: 010-7501-3740 목포 프라이드 긍지체육관)

3) 세발낙지 장기철

슈퍼개미의 아부지

지금은 다들 알것지만 목포 세발낙지는 발이 세 개가 아니라 세(細)발이다. 원래 큰 낙지는 뻣세서 조사묵거나 회판(초무침)이 제격이다. 손아귀에 쉽게 틀어쥐고 훑어먹는 세발낙지는 부드럽고 고소하다. 세발낙지는 홍어와 함께 목포를 상징한다.

한국 선물옵션계의 슈퍼스타였던 세발낙지 장기철은 내 또래다. 원 고향은 목포 뒷개 앞에 있는 압해도지만, 목포상고를 나와서 대신증권 목포지점에서 신화를 창조했다. 그는 목포에서 성장했고 활동했다. 내가 알기로 목포 출신 중에서 서울을 제압하고 전 세계에 이름을 알린 인물은 김대중, 김지하, 그다음이 장기철이다. 소위 목포상고의 3룡 중 하나로 불렸다.

1996년 한국에 선물투자시장이 생기자마자 장기철은 단번에 제왕이 돼 '압구정 미꾸라지'와 함께 선물투자계를 양분했다. 전라도 꼴창인 목포에서 상고를 나온 갓 서른 살짜리 증권회사 월급쟁이가 한국 증권가를 석권한 것은 전무후무한 일대사건이었다.

그는 슈퍼개미의 아부지나 다름없었다. 전국의 큰손들이 수백억씩 싸들고 목포로 달려와서 장기철에게 고개를 숙였다. 2000년대 초반 목포를 떠나 서울에 입성하기 전까지 장기철은 대신증권 목포지점 부장이었다. 그렇지만 그가 재직하고 있던 목포지점은 전국 증권회사 지점 중 최고의 수신고를 자랑했다. 단연 원탑이었다. 오죽하면 대신증권 회장이 목포까지 내려와서 지점 전 직원과 회식을 하고, 보너스를 줬겠는가.

대신증권 목포지점
시절의 장기철

전성기에는 한 달에 2~3조 원이 그의 펜대에서 굴렀다고 한다. 그의 1년 보너스가 60~70억이었고, 회사를 그만두고 서울로 떠날 당시 옵션으로 받은 주식 등을 처분한 현금이 무려 400~450억 정도였다고 한다.

그는 학창시절부터 영리하고 두뇌회전이 빨랐다고 하는데, 군복무 시절에 간부들의 재테크를 도왔다는 소문이 있었다. 그런 투자의 귀재를 일개 사병으로 가만둘 리는 없었을 것이다. 측근들의 증언에 따르면, 극초단타 매매가 주특기였는데, 별도로 마련한 사무실에서 직원 네 명이 하루 종일 매수매도전표를 작성했다고 한다.

성공신화의 몰락

장기철의 전성기는 오래가지 못했다. 서울로 입성한 뒤 개인투자자로 변신했지만 대략 2006년 무렵에 사실상 파산했다고 한다. 추락하는 것은 날개가 없다고, 그 많던 돈은 허공에 사라지고, 그의 명성은 신기루가 되어부럿다. 그가 40대에 막 들어서던 무렵이었다.

그 뒤로 드문드문 들리는 세발낙지의 소식은 그다지 유쾌하지 못했다. 아직도 서울 어디서 투자활동을 한다고 하는데, 그의 절친이자 내 친구 아무개에게 물어보니 지인들과도 연락이 소원하단다. 나에게도 연락처를 선뜻 가르쳐주지 않았다.

세발낙지 장기철을 직접 만난 적은 없지만, 아마도 어린 시절 목포 어디서 마주친 적은 있을지도 모르것다. 그가 이재를 배우고 익혀서 글로벌 투자리더로 등극할 때, 나는 허술하기 짝이 없는 혁명운동을 한답시고 몸부림치다가 불어터진 라면 신세가 돼 있었다. 그는 고향에서 대성공을 했고, 나는 개망신을 당해서 축출됐다. 물론 그와 나는 클라스 자체가 다르다.

누군가 그랬다. 사람은 2~30대가 지나면 그냥 껍데기 인생일 뿐이라고. 세발낙지 장기철의 2030은 고교 대선배인 김대중보다 화려했다. 지금 그 빛은 바랬고, 언젠가 재점화 될지 모르것다. 주체는 없다는 말에 동감한다. 사람은 환경과 상황의 산물이다.

IMF 외환위기라는 초거대 격변으로 한국경제가 산업자본주의에서 금융자본주의로 대전환하던 혼돈기가 장기철이라는 걸출한 슈퍼스타를 만들었을 것이다. 시스템이 정착되기 전, 제도가 허

술했고 금융파생상품이 생소하던 선물투자 초창기에 장기철은 개
인기로 기관투자자를 제압하고 지존의 자리에 올랐다. 그러나 초
기의 안개와 애매모호함이 걷히고 지형지물을 익힌 조직들이 시
장에 등장하자 세발낙지는 패퇴했다. 개인이 팀을 이길 수는 없
는 법이다.

목포상고 교정의 장기철 기부기념비

　　장기철은 주변에 후덕했다고 한다. 기부도 자주했고 친구들에
게 재테크 코칭을 해서 덕을 보게 했다고 한다. 그를 아는 사람들
중에서 장기철에게 인간적으로 서운하다는 사람은 본 적이 없다.
언젠가 기회가 돼 그를 만나면 압해도 선착장에서 세발낙지에 소
맥을 나눌 수도 있을 것이다. 이제 한국금융계에 세발낙지 같은
풍운아는 나오기 어려울 것 같다. 좋은 의미든 나쁜 의미든지 지
금은 난쟁이 꼬붕들의 시대다.

4) 필드를 거침없이 내달리는 여전사들
―목포시청 필드하키부

우리는 최고의 팀이다! 춥고 배고플지라도

필드하키를 보면 70분 경기 내내 허리를 구부린 채 운동장을 미친 듯이 내달린다. 게다가 스틱으로 공을 다루니 힘들어도 보통 힘든 게 아닐 것이다. 도대체 허리가 어떻게 남아날지 궁금했는디 선수들에게 물어봉께 별 이상이 없단다. 부상은 있지만 허리는 튼튼하다니 어메이징한 코어 근육이다.

목포를 대표하는 스포츠는 단연 여자 필드하키다. 중앙여중-목포여고-목포시청으로 이어지는 하키 커리어패스가 생긴 지 오래다. 어릴 적에 목포여고 운동장에서는 축구를 못하게 했다. 필드하키장이 망가지기 때문이다. 여학생들이 날마다 롤러질을 했다. 인조잔디가 없는 시절이어서….

스무 살 초반에 국민주택단지에 있던 친구 동네에 젊은 여자들만 들락거리던 집이 있었다. 호기심이 잔뜩 발동했는데 알고 보니 목포시청 여자 하키부 숙소였다. 나중에 작고 예쁜 선수 둘과 포장마차에서 나란히 앉아서 소주를 마신 적이 있는디 은퇴하면 트럭을 사서 장사를 하려고 운전면허 학원에 다닌다고 했다. 딩시 10급 공무원 대우를 받을 때였는데, 예나 지금이나 프로 리그가 없는 비인기 종목, 특히 여성 스포츠계는 춥고 배고프다.

주장을 맡고 있는 서다해 선수(국가대표)에게 물어보니 은퇴한 동료와 선배들은 주로 스포츠 관련 일을 한단다. 골프 캐디, 헬스

트레이너, 피부 관리숍 운영, 모델 등. 국내 지도자 중 여성 감독이 한 명 있단다. 기회가 좀 더 많이 주어지면 좋겠다.

목포시청 필드하키팀은 1982년에 창단된 국내 최고참 팀이다. 몇 년 전부터는 국제축구센터에 있는 호스텔을 숙소로 쓰고 있다. 시청팀은 국내 성인실업팀 중 전통의 강호다. 3월부터 시즌이 시작돼 10월 전국체전까지 6~7개 대회에 출전하는데, 2025년에도 우승컵을 거머쥐었다.

전용구장에서
경기 중인
목포시청 하키팀

예전에 국제축구센터에서 1년가량 쓰레기 분리수거와 청소 일을 했는데, 일명 '난지도'라는 쓰레기 분류장 바로 앞에 하키팀 사무실과 구장이 있었다. 악취와 연기에 많이 시달렸을 것이다.

한번은 전남도 공무원 1천여 명이 단합대회를 하필 필드하키장에서 하는 바람에 구장이 쓰레기장으로 둔갑해버리는 일이 있었다. 그 다음날 출근한 선수들과 코치진은 경악하지 않을 수 없었다. 며칠 동안 경기장을 사용할 수 없을 만큼 쓰레기가 많았다. 그 쓰레기를 모두 우리가 치웠는데 1톤 트럭으로 꽤 여러 차례 날랐던 것 같다. 융단 같은 천이 깔린 하키장 바닥이 담배꽁초와 음식물 같은 오물로 얼룩졌을 뿐 아니라 아예 찢어졌다는 게 더 문제였다. 성격 좋은 감독도 잔뜩 화가 났지만, 도지사와 시장, 도의원, 고위 공무원 등이 공개적으로 저지른 범죄 행각과 만행에 제대로 항변할 수는 없었다.

달리고 구르고 치고, 그러나 불안한 미래

내가 1년 간 지켜본 하키선수단은 한눈에 봐도 열악한 환경이었지만 성실하게 훈련했다. 달리고 구르고 치고…. 가장 안쓰러워 보이는 포지션은 골키퍼였다. 그 무거운 보호장구와 헬멧을 쓰고 쉴 새 없이 움직였다. 골프공처럼 단단한 야구공 크기의 하키공은 맞으면 머리가 깨질 것 같았다.

강인하고 터프했지만 다들 정성껏 화장을 하고 선크림을 발랐다. 운동을 잘하는 만큼 패셔너블하기도 했다. 기혼자와 애기엄마도 있었다. 김현지 선수가 육아를 하고 있는데, 서울 출신의 센터 하프로 중1 때부터 선수 생활을 했고, 현재는 목포시청 14년차 고참이다. 고교 졸업 후 입단했는데 처음에는 언니들 말투가 거칠어서 좀 놀랐고 문화 차이로 적응시간이 있었다고.

그렇게 선수 생활을 하면서 목포 남자를 만나서 결혼했고, 지금은 완전히 정착했다. 출산 후 1년 휴직한 후에 복귀했는데, 꾸준히 체력훈련을 했지만 회복이 늦고, 허리 쪽이 조금 부담스럽다고. 오전에 출근해서 운동하고 퇴근 후 육아를 하는데 시댁으로부터 도움을 많이 받고 있다고 한다. 선수들은 매년 연봉계약 하는 일종의 단기계약직인데 출산과 육아의 경우 노동법상의 보장을 받는지 모르겠다.

현재 18명(필드하키는 축구처럼 11명이 한 팀)의 선수와 감독 코치가 있는데, 열아홉 살 막내부터 서른아홉 살 최고참까지 세대가 혼재되어 있다. 급여체계는 7급 공무원을 기준으로 하는 호봉제가 적용된다.

중학생 때 육상을 하다가 하키로 전향했다는 11년차 서다해 주장의 경우 국가대표 수당은 별도로 받지만, 여성 운동선수들은 상대적으로 선수 수명이 짧은 탓에 퇴직 혜택이나 보상이 작아서 다들 저축에 신경을 쓴다고 전한다. 목포를 포함해서 비수도권 팀이 두 개 밖에 없고, 선수들도 지방을 꺼려해서 선수 수급에 애로가 있단다. 더구나 지역 연고인 중앙여중과 목포여고 팀이 최근 침체되면서 스카우트 자원이 줄어들면서 어려움이 가중되고 있다고.

저출산의 영향에다 힘들고 보상이 적은 운동을 기피하는 경향 때문인 듯하다. 근본적인 대책은 생활체육이든 학원 스포츠든 필드하키의 저변을 폭넓게 만드는 것이 아닐까 싶다. 그래야 동호인 문화가 생기고, 구단의 주인인 시민들이 관심과 호응을 보내지 않겠는가. 아무리 좋은 성적을 내더라도 하키단의 존재도 모르는 시민들이 태반인 현실은 선수들의 책임이 아니다. 홍보 시스템을 만들어서 서포터스와 동호인이 참여하게 하고, 초중고학교 체육시간에 필드하키를 관전·체험하게 하는 등 적극적인 마케팅이 필요하다. 시당국과 체육협회가 해야 할 일이다.

길은 있다!

방안이 있다. 안면이 있는 백경태 코치에게 물어보니, 비시즌에는 목포 하키장에서 스토브리그를 열어서 시민들의 관람을 유도하고, 시즌 중에는 축구단처럼 소액이라도 승리수당이 지급하면 좋겠다고 운을 뗀다. 자꾸 말을 거니까 유니폼 등에도 개인 스폰서가 있으면 좋겠다고 조심스럽게 제안한다.

후원회가 만들어지면 더할 나위가 없을 것이다. 예산이 부족해서 날마다 선수들이 찜통에 보리차를 끓이고 식혔다가 연습 때 마셨던 기억이 난다고 쓸쓸하게 말하면서도 웃었다. 그나마 부상을 당하면 체육회 산하 체육재활센터에서 치료를 받을 수 있어 다행이라고. 그렇지만 월급은 박봉이고 복지는 미흡하다. 미래는 불안하고….

오랫동안 호감을 가지고 하키 선수단을 지켜보면서, 부족한 것은 예산이 아니라 관심과 인식이 아닐까 하는 생각이 들었다. 스포츠야말로 지역을 알리는 유력한 마케팅 수단이다. 최근 국제대회에서의 성적 부진으로 여자 필드하키의 인기가 예전만 못하지만, 전국 최고 전남 유일의 필드하키팀을 목포시의 상징과 마스코트로 키울 필요가 있다. 공모를 통해 네이밍을 새롭게 만들어보면 어떨까. 목포 하드스틱스 같은.

팀의 단장은 시장이다. 그런데 정치인들은 출정식 때만 얼굴을 보이고 웬만하면 나타지 않는다고 한다. 가치를 모르는 것이다. 팀컬러를 물어봤다. 이렇게 씩씩하게 대답했다.

"의리와 단합으로 지방 팀의 비애를 이겨낸다!"

내년에 서포터스가 만들어지면 나도 가입할란다. 아니, 이참에 내가 맹그러부러.

5) '괜찮아마을'의 청년 촌장 홍동우
/

서울 출신 "목포 사위"

사람을 처음 만나고 난 뒤에 어떨 때는 떨떠름하고 또 어떨 때는 상쾌할 때가 있다. 간혹 만난 상대가 궁금해서 어떤 사람인지 호기심을 갖게 되는 경우도 있다. 서울에서 온 40세의 목포 청년 홍동우는 명쾌하고 직설적이면서도 내공이 느껴졌다. 나는 솔까 아래 연배를 좀 얕잡아보는 편인데, 오늘은 쪼매 부러웠다.

홍동우는 "목포 사위"라고 불린다. 2017년부터 목포에 정착했고 목포 아가씨와 결혼도 했다. 그의 장인과 부인, 아이를 나도 여러 번 본 적이 있다. 그가 운영하는 '주식회사 괜찮아마을'은 유달산 등구에 있는 로컬여행 기획업체다. 스물여섯 살 때부터 전국일주 전문 여행사를 운영했는데, 2030들이 자주 갈 수 있는 지역이 어딜까 찾다가 목포에 터를 잡았다고 한다.

홍 대표는 대전에서 태어나 서울에서 성장했고, 부모님은 모두 경북 출신이다. 연고성을 매우 따지는 이 지역에서 텃세 때문에 곤란한 점은 없었는지 물었다. 의외로 목포는 개방적이고 포용적인 곳이라는 답변이 돌아왔다. 생면부지의 객지 출신 청년에게 목포는 야박하게 대하지 않았단다.

사실 목포에 나 같은 진성 토박이는 많지 않다. 대부분은 신안, 영암, 무안, 진도, 완도, 해남 등 전남 어디에선가 이주해서 정착한 사람들이다. 최근에는 수도권에서 온 무연고 이주 청년들도 꽤 된다. 앞에서 말한 것처럼 목포의 성립 자체가 객지인들이 만든 신흥도시였다. 일제가 설계자였다. 독특한 정체성은 있지만 연고의 뿌리는 생각보다 깊지 않다.

관광사업을 주력산업으로

홍 대표는, 운이 좋게도 정착한 지 얼마 지나지 않은 2018년에 행안부의 '지역 유효 공간 활성화'에 대한 용역사업을 맡게 되었다. 그래서 청년 30명의 목포 한달살이 프로그램을 기획·진행했는데, 이 사업이 대성공하면서 유명세를 탔다.

이 사업은 전국 12개 지역으로 확대되어 각 지역으로 사례 답사 및 교육출장을 나녔고, 국내 유력 일간지는 물론 「타임」이나 BBC, NHK 같은 외신에서도 보도할 정도였다. 그리고 목포살이에 참여한 청년들 중 상당수가 장기 거주나 정착을 선택하는 소중한 성과도 있었다.

'괜찮아마을'에서 만든 목포 원도심 여행지도
더좋은집
곰집갈비
온도비스트로
예향밥상
육비
수가정
피렌체역
유달콩물
봉마켓
만복회쌈
지구별서점
비스트로 로지
가락지 영주점
비
압해로
죽집
영암식당 수문당
드로잉카페
유키카레
케이커
화가의집
춘화당
오쇼잉
이난영&
유후스튜디오
고호의
김시스터즈
사부작놀이터
전시관
공감
춤추는커피
유달다방
라멘집아저씨
만인살롱
카페명지
원도심
수다방
브릭레인
리인
좋은집
밀물주조
황가네보리밥
종가집
유달산추어탕
괜찮아마을
광양숯불갈비
달꾸메
측후동19번지
목포해상케이블카방면
유달산방면
노적봉
김암기미술관
목포근대역사관
1관
괜
Travel Checklist
무가보
마지아레스토
최소한끼
꾸움
성옥기념관
하펜시티클럽
유달동사진관
한마을떡
유달동의로망스
채옥순
하얀목화
목포근대역사관
디저트카페
학은재
2관
목포근대역사관2관
유유랜드
마지아레이크
보리마당 방면

목포역
Mokpo Station
KORAIL
(구)청호시장
춘광식당
KTX
삼학도 요트 선착장
은지네 해남 해장국 해장국
구보책방
오거리 오거리식당 숭커피
목포 대중음악의 전당
화신연쇄점
선희네야식
신형당
쫀데기1973
도리
백성식당
오붓한생
명다방
대진상회 건어물백화점
건맥스테이
건맥펍
동굴카페씨크릿
손소영갤러리앤카페
김은주공방 &화과자점
대일상회
welcome
어서오세요
목포 건맥
금은시계
목포 모자아트갤러리
창성장
중앙횟집
청자횟집
조아홍
피시테리안
우리장어탕
목포진
메리칸퀼트
몽글푸딩
정성김밥
훈버거스테이션
카페하버
요티인
이탈리안 송자
마음길
타요가
목포1897 미니호텔
낭만맛집
에스타시옹1913
38번가 게스트하우스
송자르트
이학장
목포항 국제&연안 여객터미널
관광지
맛집
숙소
체험&상점
카페&제과
술집&펍

홍동우 대표는 대화 내내 마치 숙련된 브리핑을 하듯 자신의 사업구상과 목포에 대한 관점을 일목요연하게 정리했다. 특히 합리적이고 냉철한 비즈니스 마인드가 돋보였다. 상당히 스마트했다. 때로는 토박이보다는 외부자 또는 타자의 시선이 더 정확하고 예리한 법이다,

홍 대표는 관광여행업이 목포의 주력산업이 될 수 있다면서, 관광여행 도시로의 전환이 현재 목표를 잃고 표류하는 도시의 유일한 동아줄이라고 역설했다. 예쁘고 재밌고 편안한 도시가 돼야 청년들이 모이고, 그 청년 인재들을 따라서 기업이 들어온다는 논리였다. 맞는 말이다. 사람, 특히 활기 있는 청년이 모여 들어야 변화가 되고 발전도 이루어진다. 혁신이든 뭐든 간에 늙은 넘들로는 약발이 안 선다. 늙으면 뭐만 안 서는 게 아니다.

홍동우 대표와 유달산 등구에 있는 '괜찮아마을' 공유 오피스

홍 대표는 목포가 부산이나 경주, 속초, 제주 못지않은 지역자원이 뛰어난 관광도시라고 단언했다. 유달산을 중심으로 근현대 사거리와 항구들(앞 선창 북항 남항), 맛집, 숙소가 밀집해 있는데, 이곳이 KTX와 SRT의 종착지인 목포역과 도보로 15분 정도여서 접근성이 좋다는 것이다. 수도권의 수서역에서 SRT를 2시간 반이면 목포역에 도착하고, 역 광장에 서면 유달산과 삼학도 풍경이 눈앞에 펼쳐질 뿐 아니라 10분만 걸으면 그림 같은 바다와 섬들이 나온다. 이런 매력적인 조건을 갖춘 항구도시는 한국에 몇 군데 없다고 한다.

이렇듯 목포는 접근성과 밀접성, 집중성 면에서 여행에 특장점이 있는 도시라는 것이다. 게다가 한국의 다른 곳에서 쉽게 찾아보기 힘든 이질성도 갖추고 있는 도시라고 말한다. 일제강점기의 전근대적 유산과 더불어 1950~60년대 저개발의 흔적인 난마 같은 골목들과 달동네의 빈집들이 아파트 공화국이 된 21세기 대한민국에서는 독특한 풍경자원이라고 했다. 가난 소환 추억팔이라는 비판도 있지만, 식민지배와 호남 소외의 흔적이 돌고 돌아 돈벌이가 되는 역설이다.

사업은 사업가에게 맡기사

남도관광의 선발주자였던 군산과 여수의 시대가 저물고 있다. 목포가 지방여행의 핫 플레이스로 뜨고 있기에 이번 기회를 잡아서 지속·발전시킬 수 있도록 컨텐츠 재생산에 승부를 걸어야 한다는 것이 홍 대표의 제안이다. 그는 지자체의 행정·정책적 지원을 바라지 않는다. 지원금이나 보조금만으로는 구도심을 재생해서 관광거점도시로 살리기는 어렵다고 진단했다. 그렇다. 지금과 같은 관료적이고 복잡다단한 의사결정 절차는 예산 소모의 주범일 뿐이다. 정책의 지속성도 없을뿐더러 전문성과 혁신성을 갖춘 인재들이 실무라인에 배치되지도 못한다. 사업은 사업가에게 맡겨야 한다. 비즈니스 마인드와 실전 경험으로 무장한 사업가들이 마음껏 기량을 펼치도록 판을 깔아주어야 한다. 정치와 행정은 방해하지 말고, 판을 깔아주고 열심히 지원하면 된다.

아주 최근에 도시재생사업에 깊숙하게 관계했던 전문가의 경험담을 듣고 대경실색했다. 예상보다 주먹구구식 행정과 기득권층들의 '갑질'과 진상이 도를 넘은 거 같았다. 관광거점도시로 선정되어서 받은 예산 1천억 원도 그렇게 소모된 게 아닌지 깊은 의심이 들었다. 종업원 수만 해도 5천 명이 넘었던 행남자기, 남양어망, 호남고무, 보해양조 같은 전통적인 향토제조업이 떠난 목포 지역에서 최대 공기업은 목포시다. 그러나 그 대표인 시장은 해임되어서 시정은 공백이고, 지방정치는 수십 년 일당독점과 선거 브로커 패밀리들에게 장악돼 있다.

선순환의 구조를 만들자

과거 선배들이나 내 또래 연배들이 추구했던 목포의 가치와 희망은 홍동우 대표의 그것과는 상당히 달랐다. 머릿속에서 변혁을 꿈꾸던 2030 시절에 지금의 홍 대표처럼 뚜렷한 소신을 가지고 구체적인 일을 실행하는 일에 매진했다면 어떠했을까 상상했다.

사실 나도 2030 시절에 지금 내가 하고 있는 일이 진정 세상에 필요한 일이며, 그것이 세상을 바꿀 것이라는 강철(양철이었던 것 같다) 같은 신념으로 거침없이 실천하며 살았다. 그렇지만 과연 그것이 옳았는지는 잘 모르겠다. 맞는 것도 있었을 테지만, 당연히 오류도 있었다는 걸 고백하지 않을 수 없다. 맞다. 세상이 필요로 하는 꿈은 언제나 바뀌기 마련이다. 그때의 목포와 지금의 목포는 다르다. 그럼에도 나는 끝까지 몽상을 할란다.

목포에는 홍 대표처럼 기존과는 다른 생각과 패기로 무장한 젊은 사업가들이 많아져야 한다. 특히 지역청년들이 창업을 하고 스타트업에 도전해야 한다. 매일매일 즐겁고 새로운 문화와 만남이 있는 도시가 돼야 청년들이 모여들고, 그들을 기반으로 기업과 산업이 번창해서 좋은 일자리가 만들어지면 거기에 청년들이 모이는 선순환이 이어진다.

'괜찮아마을'에서 뭐가 "괜찮냐?"고 물었다. 자살률 1위에 시달리는 대한민국 청년들의 고달픈 삶에 치유와 위로를 제공하는 제2의 고향을 마련해주고 싶은 게 추구하는 비즈니스 가치이고, 청년들에게 목포가 건네는 인사가 바로 '괜찮아'라는 거란다. 목포는 괜찮은 마을이다~ 꼭 한 번썩 들러주쇼잉~.

6) 그림책 아저씨의 좋은 책방

/

상상과 가능성의 문을 열어주자

"자식은 부모의 자식으로 키우지 말고, 독립적인 자연인으로

성장하도록 도와야 한다."

'아동도서 좋은책' 박경일 대표의 지론이다. 그에게 좋은 책이 뭔
지 물었다. 가장 최근에 만든 그림책이 좋단다. 시대변화를 충실
하게 반영하기 때문에. 다양한 그림 기법으로 표현하되 부드럽고
유연해야 한단다. 예를 들어 캐릭터화 된 책은 쉽게 몰입되긴 하
지만 편독화의 우려가 있다고.

그는 부모들에게 그림책을 적극 권장한다. 여백이 있어서 다양
한 해석이 가능하기 때문이다. 그림책은 그 자체가 작품이며, 좋
은 볼거리다. 무정형의 가능성을 열어준다. 특히 두세 돌이 지난
어린아이들에게는 감성동화를 읽어주면서 같이 놀아주는 게 중요
하다. 질적인 교감과 소통하는 밀도를 높여서 부모에 대한 믿음
과 함께 자존감을 키워준다. 외국에는 전집류가 거의 없고 그림책
이 보편적이란다.

사실 동화란 게 아이들의 이야기는 아니다. 어른들이 아이들에
게 하고 싶은 얘기와 가치관을 녹인 스토리텔링이다. 원래 동화는
리얼한 성인 엽기 스토리였다는 주장도 있지 않은가. 그래서 어린

이 독서는 조금 헐겁고 여유 있게 상상과 가능성의 창문을 열어놓은 채 접근해야 하지 않겠는가 싶다.

많은 시민이 학교 졸업 후 독서를 사실상 중단하는 이유는 독서를 지식습득의 도구로 인식하기 때문이라고 한다. 박 대표는 기성세대들의 이런 목적성 독서가 청소년 시절 자신이 독서하고 공부한 경험을 반사적으로 아이들에게 주입하기 때문에 문제라고 지적한다.

책읽기는 재미있는 놀이

반면에 재밌고 편하게 책과 노는 공간을 집에 만들어준다면 성장해서도 책을 가까이하고 자연스럽게 일상 문화로 받아들일 것이라고 장담한다. 사실 집 거실이나 아이들 방을 침대 딸린 공부방이 아닌 책 놀이방으로 만드는 일은 저비용으로도 가능하다. 책과 책장만 있어도 가능하다. 어지럽게 책이 굴러다녀도 상관없고 아무 데서나 책을 잡을 수 있으면 족하다.

'아동도서좋은책' 내부 모습

돌아보면 나도 어릴 때 책에 걸신들린 것처럼 만화를 비롯한 온갖 책들을 마구잡이로 읽었다. 동네 형이나 누나에게 신드바드, 알라딘, 톰 소여, 셜록 홈즈를 만났고, 학교 도서관에 남아서 아무 맥락 없이 닥치는 대로 읽었다. 삼국지는 아마 스무 번 가까이 읽었을 것이다. 소년에게 책은 세상을 향해 열린 거의 유일한 창이었다.

텔레비전 외에 영상문화는 거의 없었고 활자도 귀한 시절이어서 그랬을 것이다. 국민학교 5학년 때 들어간 '과학퀴즈부'에서 동무들과 이런저런 잡학다식을 읽었고, 선친께서도 책을 산다면 주머니를 털어주셨다. 중학생 때는 한국단편문학집을, 고등학생 때는 헤밍웨이, 까뮈, 최인호, 한수산 등을 두서없이 읽었다. 덕분에 지금도 읽고 쓰는 데 큰 두려움은 없다. 촌에 사는 '향토인'으로서 약간의 교양이나 개똥철학도 있다.

박경일 대표는 나와는 고교동창이다. 막상 학창시절에는 별 교류가 없었지만 사회에 나와서 들락거리게 됐다. 그는 2002년부터 지금까지 어린이 전문책방을 운영하고 있다. 공대를 졸업한 후에 일본에 다녀와서 광주에서 외국어학원과 유학센터에서 일본어 강사를 하다가 책방을 열었다. 현재 목포를 비롯한 전남 서남권에서는 유일한 어린이 전용책방이다. 그 자신이 열렬한 독서가이자 노련한 북 큐레이터이며, 아동심리 컨설턴트다. 어린이책방을 천직으로 알고 평생 주인장 역할을 하고 싶단다.

박 대표는 책을 접할 때, 스토리를 중시하지 말고, 책 또한 귀하게 섬기지 말라고 한다. 그러면 책이 놀이가 되기 어렵기 때문이란다. 나는 내 친구의 경험에서 우러난 말을 믿어볼란다.

혹시 찾아갈 사람이 있을지도 모르겠다. 위치는 목포시 녹색로 134번길 23이다.

7) 수학 일타 까치 설박사

/

전설의 레전드 "수학 8박사"

수학은 지옥이었다. 문과 출신인 나는 고2 때 '미분'의 미로에 빠져서 완전 '수포자'가 됐다. 그럼에도 학력고사에서 수학 총 25문제 중에 13개를 맞혔다. 고1 때 우리 옆 6반에는 유명하다는 말로는 부족한 전설의 레전드 "수학 8박사"가 나왔다. 중간고사에서 수학 빵점자가 여덟 명 나왔는데, 제각기 성이 달랐다. 백제 오경박사를 능가하는 뒷개 박사들이었다. 지금은 모두들 잘 묵고 잘산다. 셈에 능해서 큰돈을 번 친구들도 있고….

수학과 인생은 여집합은 아니고 차집합 관계에 가깝다. 제대 직후 부임해서 수포자 구제를 위해 애쓰신 오근철 수학 선생님께 이 지면을 빌어서 심심한 감사를 드린다.

목포의 일타강사

설진환 박사는 수학에 진심인 사람이다. 정확하게는 아이들에게 수학을 가르치는 데 진심이다. 수학과를 나오고 다시 통계학과를 다니더니 석사가 되고 수학박사가 됐다. 강남8학군에서 소문난 강사여서 서울에 정착할 수 있었는데 목포 여러 고등학교에서 초빙교사를 하더니 아예 목포에 학원을 차렸다. 교사 자격도 있는데다 여기저기서 오라는 사립학교도 있어서 안정적인 수학교사가 될 수도 있었다. 그렇지만 그는 목포 지역 전체를 상대로 수학을 가르치고 싶은 포부가 있다. 제대로 가르치고 싶은 야심이 있는 것이다.

내가 아는 한 설 박사는 목포 사교육계 일타 강사다. 겸손하고 과묵하지만 입시와 교육에 대한 주관이 뚜렷하고 수업 노하우가 확실하다. 학생에 대한 민완한 진학진로 컨설턴트로도 명성이 높다. 나는 그와 몇 년간 같은 직장에서 입시강사로 함께 일한 적이 있다. 역설적으로 그 시절에 우리나라 제도교육이 얼마나 허술하고 소모적인지 알게 됐다.

사교육과 공교육—붕괴한 제도교육

교사는 무책임하고 학교당국은 음흉하며 학생들은 싸가지가 없고 학부모들은 무지했다. 거기에 끼어든 사교육은 공포 마케팅과 감언이설로 호구잡기에 열을 올렸다. 입시 결과는 고사하고 야바위판과 유사한 진학 환경은 국민교육의 취지 자체에 반하는 인성 망치기 경쟁 같았다. 정규직인 학교 교사들은 세금으로 월급을 받고, 자영업자인 학원 강사들은 부모에게 직접 돈을 받는 차이밖에는 없는 듯 보였다.

누구는 무능한 공교육이 주범이라고 하고, 누구는 사교육이 원흉이라고 했지만 무의미한 도긴개긴이다. 수시전형이 대세가 되면서 목포권 12개 인문계 고교 어디나 90퍼센트는 상위 10퍼센트를 빛내주는 들러리 역할만 하고 있다. 그 결정권은 교사들이 쥐고 있다.

예나 지금이나 크게 다르지 않은 듯한데, 지금의 입시 제도는 경제력이나 학벌, 인맥 같은 이른바 문화자본과 정보력이 있는 부모를 가진 학생에게 결정적으로 유리한 제도이다.

물론 고교 평준화 이전에는 '명문'으로 불리던 목포고와 목포여고 학생들 정도가 수능으로 소위 '인서울'을 했고, 나머지 고교생들 중 그 벽을 넘는 경우는 극히 드물었다. 지방소도시 학생들의 기초학력 부진이 근본원인이었다. 사실 이런 현실이 어제오늘 일은 아니지만 실력을 높이기 위한 전남도 교육청과 일선 학교들의 정책수단이 제대로 실행된 적은 없었다.

어디나 크게 다르지 않겠지만 수시 입학 시대에 목포 지역 학교들도 사실상 내신관리형 기숙학원처럼 운영된다. 공부는 알아서 사교육에 의존할 것이라는 전제가 깔려 있다. 신망 있는 진학 담당 교사들이 "씨알 좋은 인자" 운운하는 모습을 보며 절망적인 생각이 들었다. 학생은 인자(factor, 생산요소)가 아니다. 둔재를 인재로, 양아치를 시민으로 만드는 게 제도교육이 할 일이다. 인자는 因子가 아니라 人子가 맞다.

수포자의 희망이 되기를

나는 학력고사와 고교평준화 초기세대이며, 교복 자율화 첫 세대다. 교복을 입고 다니다가 사복을 입고 졸업했다. 과외나 학원 같은 사교육은 망국병으로 인식돼 금지됐다. 오로지 개인의 실력과 노력으로 학력고사 점수를 올려서 대학에 진학했다. 대학으로 가는 길은 매우 투명하고 단순했다. 다만 개성과 다양성에 대한 고려는 없었다.

학력고사 정답 개수가 계급이고 신분이었다. 그렇게 100만 수험생을 거의 완벽하게 줄 세웠다. 그래도 수시와 학종, 내신전형이 대세가 된 지금보다는 상대적으로 가난한 집 청소년들이 큰물로 나갈 수 있는 기회가 더 넓었다. 지방대학과 인서울 대학 간 차이도 그리 크지 않았고. 무엇보다 학생 자신의 노력 여하에 따라서 입시 결과를 바꿀 수 있었다. 1년 정도 죽어라 공부하면 웬만한 대학에는 들어갈 수 있었다. 교사들의 통제력보다 학생 자신의 주도성이 더 컸다. 진학에서 학생과 교사의 관계는 좀 더 수평적이었다. 고교 동창 중 12명이 서울대에 합격했는데, 대부분 방과 후에 빈 교실에서 혼자 공부해서 실력을 쌓았다. 국가주의였지만 평등에 가까운 시대였다. 자수성가와 집단적인 노력이 먹히는 시대였다.

수능시대에는 목포에도 카리스마 있는 실력파 학원강사들이 있었다. 대형 강의실에서 검증된 입시 노하우를 대방출해서 학생들과 호흡을 맞췄다. 수능은 학력고사보다 입체적 사고력을 요구하는 고급수험이다. 민완한 강사들은 퍼즐을 맞추는 선장처럼 도제적 관계를 형성했다.

집단을 대상으로 하는 실강이라서 학원비도 저렴했다. 소수 정예식 학원이나 과외에 허리가 부러지는 지금보다 오히려 더 나았다고 본다. 그래서 나는 설 박사 같은 실력과 경험, 사명감을 갖

춘 괴짜 수학선생에게 기대를 걸고 있다. 유투브와 인강으로, 그
리고 면대면 수업으로 지역 학생들의 수학 실력을 향상시킬 것이
라고 희망한다. 나처럼 미적분의 문턱을 넘지 못하고 구제불능 수
포자가 된 가련한 청춘들도 포기하지 않고 수학 클리닉을 통해 치
유해주기를 바란다.

학부모들에게 수학
교육법을 강의하는
설진환 박사

20
가객

1) 목포의 소리꾼　Ⅰ

/

이난영

목포를 대표하는 가수는 역시 이난영(본명 이옥례)이다. '목포의 눈물'은 설명이 필요없다. 유명 음악평론가 강 아무개는 "민족적 절창"이라고 했지만 식민지 조선 슈퍼 디바는 사실 친일행적이 뚜렷하다. 민족문제연구소에서 발간한 『친일인명사전』에 오를 뻔했다.

　작사·작곡자인 남편 김해송과 연하의 동거남 남인수는 『친일인명사전』에 이름이 올라 있다. 난영은 일제 말기 친일순회공연 등을 만만찮게 다닌 모냥이다. 난영이라는 이름은 '오카란코'(崗蘭子)라는 일본식 예명에서 유래한 듯싶다. 이난영 생가와 기념관을 지을 때도 다소간 말썽이 있었는데 목포시 당국의 기민한 대처가 있었다고 들었다.

김해송은 6·25 때 납북되어 북에서 사망했다. 둘 사이에 낳은 7남매는 난영이 혼자 길렀다.

이난영 음반

조선 최고 배우 문예봉(하야시 데이겐)과 아시아 스타 최승희(사이 쇼키)는 부부가 세트로 친일파에, 해방 후에는 공산당 노릇에 자진월북까지 한 친일과 종북이었다. 이 부부는 지금 평양의 애국열사릉에 묻혀 있다 하니, 이난영 정도야 생계형 친일이었다고 애써 눈감아 줄 수도 있것다. 7남매를 혼자 키우느라 얼마나 고생했것는가 하면서 말이다.

몇 년 전 손혜원이 목포에서 이난영을 주제로 한 뮤지컬(이난영 부부는 뮤지컬의 선구자였다.)을 만들자고 해서 논란이 있었다. 솔까 이난영의 친일을 찬양하는 뮤지컬도 아니고 업적과 잘못을 있는 그대로 표현하면 될 기 아닌가. 굳이 논란이 벌어지는 이유는 아직도 우리가 일제가 남긴 유산으로부터 그리 자유롭지 못하다는 반증이 아닌가 한다.

이난영의 자식 중 두 딸 김숙자와 김애자, 조카 이민자는 10대 초반에 대한민국 최초의 걸그룹인 '김시스터즈'를 결성, 미8군 무대를 거쳐서 미국 라스베이거스까지 진출했다. 코리아가 아프리카의 가난한 나라보다 못 살던 시절의 일이니 지금의 'BTS'나 '로제'의 활동과 비견할 만한 대사건이었다.

난영은 애인이었던 남인수가 죽고 나서 3년 뒤인 48세로 별세했다. 고향 목포 양동에는 그녀의 생가와 기념관이 있고, 북교동 '화가의집'이라는 카페는 이난영과 김시스터즈의 전시관으로 조성되어 있다. 딸인 김숙자 여사 등이 기증한 무대의상과 음악자료들이 정리돼 있다.

남진

"남진이 오믄 받아가쇼잉."

선친께서는 호남동 사무소 공무원이셨는데, 남진네 집에 지방세를 받으러 가면 남진 모친이 그렇게 말했단다. 남진네 집은 50대 이상 목포 출신들은 모두 기억하는 시내 중심에 있는 이정표였다. 당시로서는 보기 드문 일본식 2층 양옥집이었다. 1960년대에 남진이 원조 트로이카 여배우 중 하나인 문희를 목포 집으로 데려오자, 그 여배우를 보려고 인파가 문전성시를 이뤘다고 한다.

남진은 본명이 김남진으로, 목포에서 국회의원을 지낸 지역 유지 김문옥의 3남이자 늦둥이 아들로 태어났다. 잘생긴데다 인기도 많고 집안까지 으리으리해서 남진만 만나면 항상 기가 죽었다고 친구 사이인 조영남이 텔레비전에 나와서 넋두리를 하던 생각이 난다.

남진은 김대중과 함께 목포를 상징하는 인물이었다. 남진이 집안 소유의 정미소 건물에 스텐드바를 차렸는데, 연말에 놀러갔다가 그가 직접 노래하는 걸 본 적이 있다. 잘생겼을 뿐 아니라 노래도 무척 잘 불렀다.

남진네 집
2층에서 기타 치고 노래를 불렀다고 한다.

남진과 나훈아가 라이벌이던 시절에 나는 꼬마였다. 동네 아저씨와 아짐들 앞에서 남진 노래를 불러서 동전을 받은 기억이 난다. 누구는 남진이 좀 느끼한 엘비스 프레슬리 따라쟁이라고 좀 안 좋게 이야기했지만, 나는 시원시원하고 호쾌한 남진이 좋다. 나훈아는 의뭉한 이미지다. '비지 사건' 이후 더 그렇다. 그런네 노래방에 가면 막상 나훈아 노래를 주로 부른다. 내가 왜 이러는지 모올~라 하면서.

고흥군에 가면 남진기념관이 있다는디 아직 가보지 못했다. 목포시에도 장르를 불문하고 신진 뮤지션들에게 무대와 연습공간을 제공해주는 프로젝트를 기획해보면 좋겠다. 이름은 '남진 하우스 콘서트센터'로 하고. 이왕이면 유달산 예술인타운에서 숙식편의도 제공해주면 더 좋겠고. 그렇게 재능 있는 청년들을 모아야 한다. 남진 생전에.

장욱조 · 조미미 · 최유나

'연락선'의 가수 조미미와 지금도 열심히 활동 중인 최유나는 목포여고 출신이다. 조미미는 좀 중성적인 외모와 저음이 매력적이었다. 장욱조는 내가 나온 고등학교 대선배인데, 고교시절 학교 차원에서 10대 가수 선정을 위해 방송국으로 엽서보내기도 했다.

장욱조는 '고인돌'이라는 록밴드를 결성해서 7~80년대 서울 밤 무대에서 특급 대우를 받았다. 80년대 초반에 10대 가수에도 연거푸 오르는 등 전성기를 보냈다. 몇 년 전에는 예비사위 김건모 때문에 이름이 오르내려서 안타까워하는 고향 사람들이 많았다.

2) 목포의 소리꾼 Ⅱ

/

최준영

1990년대 중후반을 풍미한 댄스 히트곡 중 절반 정도는 최준영이 작곡하고 프로듀싱한 곡들이다. 그는 당시 대중음악의 황제였다. 일이 잘 풀렸다면 최준영이 아마 JYP 정도의 반열에 올랐을 것이다. 쿨, 핑클, 디바, 김건모, 컨트리꼬꼬, 엄정화, 임재범, 룰라,

왁스, 이정현, 코요테, 한스밴드 등이 그에게서 곡을 받거나 트레이닝을 거쳤다.

그는 대중음악의 1세대 프로듀서로, 대중의 취향을 이끌었고 유행을 만들었다. 그 시절이 오히려 지금보다 더 대중음악의 전성기가 아니었을까 싶다. 지금 K-pop의 음악적 프로듀싱과 사업 시스템의 토대가 그때부터 시작됐다. 최준영은 그 선구자였다.

그를 아는 지인들 얘기를 들어보니 목포에서 중학교 때부터 밴드활동을 시작했고, 헤비메탈 밴드를 거쳐 다운타운 디제이로도 활약했다고 한다. 어린 시절부터 내공이 단단한 음악 영재였던 것이다. 목포 출신 중에서 최근에 가장 뚜렷하게 음악적·산업적 성취를 이룬 예술인이라고 하겠다.

박지현

현재 가장 핫한 목포 출신 트롯가수다. 키 크고, 잘생기고, 무엇보다 노래를 잘 부른다. 인상이 너무 선하다. 만든 이미지 아니고 실제로 착하고 성실하다는 고향 사람들 평이 많다. 좋지 않은 이야기는 듣지 못했다.

50대 이상 여성들에게서 절대적인 '팬덤'이 있다. 임영웅과 함께 미스터 트롯 시리즈가 낳은 뉴 라이징 스다다. 남녀불문하고 일단은 잘생기고 봐야 한다. 멋있고 피지컬이 좋으면 인성이나 실력이 좀 부족해도 상당 부분 커버칠 수 있다. 맞다 틀렸다가 아니라 현실이 그렇다는 이야기다. 따라서 그런 거 없으면 그저 열심히 노력할 수밖에 없다. '흙수저'는 열심히 부지런하게 살아야 한다.

반하나(임수정)

정명여고 2학년 때 '목포가요제'에 입상하면서 가수 생활을 시작했다. 임수정이 본명이다. 어릴 적부터 동네에서 봤는데, 미인인데다가 밝고 싹싹하고 노래를 잘 부른다. 작은 체구에서 어떻게 그런 울림이 나오는지 상당히 놀랐다. 졸업 후 서울로 가서 기획사에도 들어가고, 음반을 내고 공연도 다닌 지 10년째다.

음악을 들어보니 R&B 스타일 노래가 많다. 아마도 성량과 필링에 자신이 있어서 그런가 싶은데, 부드러운 고음이 장기인 발라드 전문 가수다. 가요계에서 실력 하나만큼은 인정받는 가수라고 한다.

즈그 엄마 아부지 얘기를 들어봉께 무명가수임에도 낙관적으로 편안하게 음악생활을 하고 있단다. 못 뜬다고 대수더냐. 음악을 놓지 않고 끝까지 가다 보면 기회가 오것지. 굳세어라 용당동의 딸 수정아~.

반하나

21
공장으로 간 청년들
-그 후 40년

1) 광주에서 온 운동권 청년

/

문현

문현(일명 '민구')은 나의 노동운동 선배였다. 최초의 사수였고 목포 노동운동의 개척자였다. 1985년부터 1988년까지 목포에서 활동했다. 공장을 다니다가 YMCA(새벽클럽)와 연동교회(밀알야학)에 야학을 만들었으며 목포대학 학생운동을 지도했다. 전남대 중문과 81학번, 함평 출신. 작고 깡말랐는데, 말은 없어도 은근 재밌고 친절한 사림이었다.

당시 노동운동가들은 정기적인 수입이 없었다. 문현이 형도 하루 종일 고물자전거를 끌고 연동골목과 산정동 언덕배기를 수십 번 올라다녔다. 술은 일절 안 했지만 골초여서 언제나 담뱃값이 달랑달랑했다. 아마도 교사를 했으면 큰 선생이 됐을 것이다.

당시 노동운동계에서는 공장에 다니는 사람들은 현장 밖 활동
가들에게 '21조'를 했다. 수입의 20분의 1을 생활비로 지급했다.
부끄럽게도 나는 그에게 생활비를 몇 번밖에 주지 못했다. 형은
외려 어디선가 돈을 구해 와서 방세도 보태주고 쌀과 반찬을 구
해주고 그랬다.

전두환 시대에 노동운동은 비합법적인 지하운동이었다. 한번은
야학의 여성 노동자에게 「서노련신문」을 주었다가 사달이 난 일도
있었다. 반공 교육을 충실하게 받은 중학생 동생이 불온삐라라고
여기고 학교 선생에게 갖다줬던 것이다. 그 때문에 경찰 조사를
받는 불상사가 일어나기도 했다.

4년간 고생고생 생고생만 실컷 하고서 전남도경 대공수사단의
검거선풍 때 목포를 떠났고 운동판도 떠났다. 전별식은커녕 아무
도 배웅하지 않았다. 그 바닥 인심이 그렇다. 몇 년 후 목포에서
사귀던 아가씨와 결혼했을 때 함평읍내 예식장에서 만난 게 마지
막이다.

장두석

장두석은 1961년생으로 조선대 법학과 80학번이었다. 나는 그와
2년 동안 노상 붙어 다녔다. 목포에서 가장 믿고 따랐던 선배였다.
다니던 대학의 재단 민주화운동으로 제적되고 나서 강제징집도 되
었는데 논산훈련소 앞에서 소주 댓병을 마시고 인사불성이 된 채
입대했단다. 아버지가 경찰간부여서 순순히 갔다고.

일병 때 한미합동 군사훈련인 팀 스피리트 훈련을 죽기 살기로

뛰고 나서 자대로 복귀하자마자 보안대로 끌려가서 뒤지게 맞고 육군교도소에서 이병으로 만기제대 했다. 광주 조선대에서 재일교포 유학생 간첩단 사건(일명 '양동화 사건')이 터지는 바람에 덩달아 이적표현물 소지(일본어판 마오쩌뚱『모순론』)로 엮였는데, 실제로 무슨 영문인지 사정을 전혀 몰랐다고 한다. 양동화와는 학교 정문 앞 당구장에서 당구를 함께 친 인연밖에는 없었다고.

출감 후에 남양어망으로 위장취업을 했다가 경찰의 추격을 피해서 그만뒀고, 이후 사회단체에서 노동부문 대표로 활동했다. 의젓하고 차분하면서도 명민한 사람이었다. 당시 목포 노동운동권에는 민완하고 능력 있는 청년이 많았다. 그들이 떠나는 바람에 나 같은 쭉정이만 남았다.

이미숙

전남대 법학과 83학번, 광주토박이. 똑똑하고 정감이 있는 여성이었다. 운동권 학생이 되지 않았다면 아마도 전남대 여성 최초로 사법시험에 합격해서 판사가 됐을 것으로 확신한다. 전남대 83학번 NL그룹 소속으로 목포에 왔고, 나와 같은 공장에 다녔다.

글 솜씨가 일품이었고 만화도 잘 그렸다. 부친이 경찰간부라고 했다. 나는 일부러 그녀에게 까칠하게 대했다. 왜 그랬을까. 후회막심이고 미안한 마음뿐이다. 동료를 귀하게 여기지 못했으니 내가 홀대무시를 당해도 할 말이 없다.

1980년대 목포 노동운동의 풍경

지하에서 '차분하게' 민주혁명을 준비하던 우리는 예상치 않던 1987년 6월항쟁이 터지자 상당히 당황했다. 자취방에 모여서 이러저런 궁리를 했지만 대체 지금 상황이 결정적인 국면인지 쉽사리 판단할 수 없었다. 공장에 안 다니던 문현 형과 몇몇은 이미 국민운동본부에 있었고, 공장패들은 퇴근 후에 가두시위에 합류해서 대열 앞에 섰다.

당시 목포 지역 대학생들은 가두시위 경험이 별로 없어서 서툴렀다. 시위대에서 바람을 잡고 최대한 노동문제를 구호로 반영하려고 나름 노력했다. 노동자 대투쟁이 목포공단과 시내를 휩쓸면서 드디어 새로운 시대가 열리는 것을 감지한 선배들은 야학 같은 수공업적인 틀을 넘어서 대파업의 성과를 조직적으로 담아내기 위해서 무진 애를 썼다. 현장 노동자 모임과 공개 노동집회를 열심히 준비하고 개최했다. 대선 국면에서는 노동자의 정치의식을 고양하기 위해 가톨릭회관과 YMCA 등에서 공개적인 정치집회도 열었다.

그런데 대선 시즌인 10월 초, 전남대 NL그룹을 추적해온 광주의 대공수사단이 목포의 노동운동 조직을 포착해서 대대적인 검거선풍이 불었다. 이로 인해 공단에 있던 광주 학생운동 출신 위장취업자들이 모조리 검거되거나 수배를 당하는 신세가 됐다. 나중에 들어보니 여경과 의경을 연인으로 위장시켜 다방 같은 곳에서 옆자리에 앉아서 도청하고, 미행을 해서 자취방들을 모조리 파악해놓았다고 한다. 그 과정에서 동네 통장과 반장을 협박하는 일도 있었다고 한다.

이런 일제 검거로 인해 엉성했던 목포의 노동운동 네트워크는 붕괴될 수밖에 없었고 모두 도망가거나 지하로 잠적했다. 당시 '피라미'에 불과했던 나는 야근하는 주의 밤중에 경찰이 자취방을 덮치는 바람에 다행히 추적을 피할 수 있었다. 당시 자취방 주인집 아주머니에게서 "엊저녁에 누가 기다리다 갔는디, 형사 같지는 않던디" 하는 말을 듣자마자 줄행랑을 쳤다.

결국 장두석 형과 나머지 멤버들이 대선국면을 맞이했고, 노태우 당선을 지켜보며 부정선거 규탄시위에 참여하게 됐다. 대선 다음날 재야단체 사무실은 텅텅 비었고, 지도부 선배들은 사전도피해서 연락불능 상태가 되었지만 남은 사람들은 돈을 걷어서 플랜카드를 만들어 시내로 들고나갔다. 본의 아니게 시위 주도자가 되었다.

2~3일가량 지도부 없이 자연발생적으로 진행된 시위는 서울 구로구청 진압을 기점으로 사그러들었고, 살아남은 우리는 뿔뿔이 흩어졌다. 이듬해인 1988년에 파업사건으로 해고자들이 나오면서 목포에서 처음 노동단체가 결성되었다. 다시 비공개 활동가 모임은 A조(기존 공장활동가)와 B그룹(신참 공장취업자)로 확대 · 재구성되었지만 얼마 지나지 않아 어이없는 내분과 다툼으로 모임은 공중분해되고 말았다. 그로 인해 문현 형은 아무 말 없이, 그리고 장두석과 이미숙은 다소 불명예스럽게 떠밀리다시피 목포를 떠났다. 문현 형은 생활고와 건강문제로 기진맥진한 상태였다.

역사의 누락

논공은 없고 오로지 과를 집요하게 묻고 따지는 빌어먹을 운동권 문화와 곤조 탓도 컸다. 채 서른 살도 안 된 청년들이 실수를 하거나 오류를 범하는 건 어찌 보면 당연한 일이지만 그 어떤 과오도 용납되지 않았다. 이해와 관용은 사전에나 있는 말이었다. 그렇게 떠나거나 쫓겨난 자들 뒤에는 패배자, 낙오자, 배신자라는 낙인이 꼬리표처럼 달렸다. 배웅과 격려는커녕 냉소와 조소가 있었고. 거기에는 솔까 일부 목포 토박이 운동권의 질시와 냉대도 한몫 했다. 자기가 할 수 없는 일을 했던 사람들을 비방하는 못난 사람들은 어디에나 있는 법이지만….

공장생활 때 여름휴가를 가서 동료들과 찍은 사진
왼쪽에서 두 번째가 필자다.
(1987.07)

대학 4학년 때 졸업을 포기하고 행남자기에 입사해 노동자가 된 고해준(목포대 80) 김미정(전남대 83) 부부도 참으로 고생이 심했다. 그렇게 활동적이었던 부인이 임신중독으로 드러눕자 결국 공장을 나와서 목포를 떠났다. 그 형네 집에서 타자로 친 레닌의 『좌익소아병』과 『무엇을 할 것인가』를 째벼왔었다.

일요일 아침마다 용당동 신혼셋방을 눈치 없이 찾아가서 빈대를 쳤던 나는, 정작 그들이 떠날 때 차비 한 푼 보태주지 못했다. 나중에 들리는 말로, 모두들 자리 잡고 잘 산다고 해서 그나마 마음이 좋았다. 그들이 지금 무슨 생각을 하면서 어떻게 사는지 전혀 모른다. 찾아갈 형편도 아니고.

그들의 열정과 간난신고가 그저 20대의 치기나 객기였을지도 모른다. 그러나 지금은 그 흔한 노동조합 하나 변변치 않던 시절에, 비키니옷장에 중고 곤로뿐인 사글세방에서 외롭게 버텼던 광주에서 온 청년들에게 아주 뒤늦게 감사인사를 전한다. 지금 목포 그 어디에도 그들에 대한 기억이 없다. 이 또한 역사 누락이 아닌가 하고 목포에 남은 나 혼자 중얼거려본다.

노동야학 운동의 그늘

1970~80년대에는 어느 지역에서나 대학생 등이 중심이 된 노동야학이 있었다. 문자 그대로 제도교육에서 소외된 청년들의 배우고 싶은 욕구를 충족시키는 제도권 밖 교육기관이라기보다는 운동권의 의식화 및 조직화를 위한 통로에 가까웠다.

교사를 강학(講學, 가르치면서 배운다.), 학생을 학강(學講, 배우면서 가르친다.)이라고 부르면서 수평적인 관계를 표방했지만, 학생운동의 가치관과 사회의식이 무비판적으로 노동청년들에게 이전됐다고 봐야 한다. 원래 야학은 노동운동에 관심이 있는 대학생 출신들, 이른바 '학출'이 노동자의 삶을 간접 체험하고 노동현실을 이해하는 일종의 교육과정이고 노동운동으로 이전해가는 통로였다.

1988년 이후 목포에도 현장 노동운동이 활발해지면서 학생운동의 연장선 성격이 강했던 야학은 노동운동으로서의 기능이 점차 소멸되어갔다. 더구나 활동가 그룹이 붕괴되면서 야학은 노동운동가들의 지도와 통제를 벗어나서 노동운동에 대한 경험과 이해가 없는 학생운동 출신들이 손쉽게 노동운동가 타이틀을 가지고 운동판에 개입하는 우회적인 수단이 됐다. 개인적인 친분관계에 따라 사조직화 되는 퇴행성도 컸다.

전남지역 노동야학의 모델은 80년 광주에서 활약한 '들불야학'이었다. 여수나 순천 같은 동부권이 아닌 목포에 두 개의 야학이 있었는데, 모두 교회에 자리 잡았다. 야학은 민주화운동이라는 시대적 배경에서 어린 노동자가 운동권 대학생 형이나 언니를 만나서 운동 물을 먹고 어정쩡하게 머리만 커진 청년이 되는 부작용이 있었다.

노동야학은 노동자를 불쌍한 '계몽의 대상'으로 전제함으로써 오히려 노동자의 주체성과 자주성을 제약하고 왜곡하는 등 시대정신에 역행한 면이 적지 않다. 그래서 구체적인 노동 현실보다는 학생운동이나 특정한 정파, 특히 NL의 시각에서만 세상을 바라보게 하는 부작용이 상당히 컸다. 당시 노동 현실에 무지하고 현안 대처에 미숙했던 목포 지역 운동권의 인식과 파벌주의가 낳은 후진적인 운동 양태였다고 반성하지 않을 수 없다.

2) HD삼호조선소 30년-비정규 하청 노동조합

외국인 노동자가 주력이 된 조선소

"일거리가 없당께."

30년 경력의 A급 도장공 친구가 웃는다. 어릴 적 담 하나 사이에서 살던 깨복쟁이 친구다. 만화를 잘 그렸고 기발한 이야기꾼이었으며, 몸놀림이 잽싼 오징어살이(오징어게임) 선수였다. 부친께서는 해군 주임상사였는데 참으로 호인이셨다.

현재 HD현대삼호중공업은 건조 도크가 부족할 정도로 호황이라는데, 저런 베테랑 숙련공은 막상 일자리가 부족하다. 이유는 여러 가지일 테지만 가장 큰 이유는 외국인 노동자들이 그 자리를 대체하기 때문이다. 외국인들은 대략 내국인 임금의 60~65퍼센트 정도인데, 숙련도와 작업속도가 약간 떨어진다.

목포 동쪽 영산강 건너에 있는 영암군 삼호면에 조선소가 세워진 지 만 30년이 지났다. 1997년 IMF 외환위기 직전까지만 하더라도 조선소 노동자들의 지갑에서 나온 돈 때문에 목포는 흥청망청했다. 올림픽 이후 한국 경제가 한창 잘 나가던 때였다. 숙소인 하당 부영아파트 옆은 최고 유흥가였고, 도시는 인구 유입으로 급팽창했다.

돈이 돌면서 유흥가가 번창하자 전국에서 젊은 여성들이 몰려오기 시작했다. 그러나 외환위기를 겪은데다 2010년 이후로는 외국인 노동자들이 주력이 되면서 지역경제도 점차 사그라들었다. 사실 외국인 노동자들은 소비가 적고 소득의 대부분을 본국에 송금하기 때문에 지역경제에는 별 도움이 되지 않는다. 하당의 노동자 지구는 쇠락했고, 삼호읍도 더 이상 예전의 영광을 되찾지 못하고 있다. 베트남과 네팔, '스탄' 출신 지역으로 구획된 삼호읍은 이제 외국인 거주지역이 되어버렸다.

한국인과 외국인, 하청과 원청, 동일노동 동일임금

오후 5시가 넘을께, 삼호에서 목포나 남악 쪽으로 퇴근하는 조선소 노동자들이 자주 보인다. 한눈에도 꽤 비싸 보이는 자전거들인데, 내 중국산 오토바이보다 가격이 두세 배는 더 나갈 것이다. 자전거로 출퇴근하는 노동자는 거의 대부분 정규직(원청 소속)이고, 비정규직 하청은 없다고 보면 된단다. 비정규직들은 일이 힘들어서 자전거를 타고 10킬로미터 이상을 갈 수 없고, 퇴근시간이 들쑥날쑥해서 늦어지기 때문이란다.

정규직들은 처음에는 조선소 앞 사원 아파트에서 살았으나, 지금은 대부분 남악신도심이나 오룡지구 아파트에 산단다. 남악과 오룡은 목포 지역에서도 성공한 4050이 모여 사는 곳이다. 목포의 대치동이기도 하고. 비정규직들은 정규직이 빠져나간 낡은 사원 아파트와 조기 슬럼화 되는 목포 하당지구 아파트에 모여 산다. 외국인 노동자들은 조선소 부근이나 목포 구도심의 원룸촌에서 달방을 산다. 거주 지역은 인종과 계급별로 철저하게 구획되어 있다.

하청노조 지회장과 사무장을 만나서 이재명 정부가 추진하는

‘동일노동 동일임금’ 정책이 도입되면 차별이 해소될까 하고 물었
더니 돌아온 대답은 부정적이었다. 연공급(年功給)에 기반을 둔 정
규직 노조가 정부 제안을 수용할 리도 없지만, 거대한 저임금시장
을 형성하는 외국인 노동자가 끊임없이 공급되기 때문에 불가능
할 것이라고 한다.

2000년대 초반만 해도 하청노동자들은 원청에 비해 오히려 수
입이 더 짭짤했다. 단가가 좋아서 잔업과 야근을 하면서 몇 년을
버티면 목돈을 모을 수 있었다. 전국에서 청년들이 모여들었고,
특히 전라도 청년들에게는 든든한 일자리였다. 비정규직에게는
힘들고 고약한 공정이 돌아갔지만 오히려 단기간에 목돈을 벌 기
회가 되기도 했다. ‘웃께도리’ 또는 ‘야리끼리식’ 물량팀에서 힘들
게 벌어서 아파트를 산 지인도 있었다.

그 시절에는 원청보다 오히려 하청 노동자들의 학력이 높은 경
우가 많았단다. 대졸자들도 많았다고. 대졸자들은 원청 생산직 취
업면접을 통과할 수 없었다. 지인도 공무원 시험을 준비하다가 책
값을 벌려고 하청 취부용접공이 됐는데 수입이 좋아서 아예 주저
앉았다.

그러나 이제는 원청과 하청의 임금 격차는 까마득하게 벌어졌
고, 현대산호기술훈련원이라는 공식 고용 채널을 수료해도 원청
으로 채용되는 경우는 거의 없고 대부분 하청업체로 배치된다.

내국인의 일자리를 대체하는 외국인 노동자

갈수록 노임단가는 낮아지고 업주들은 외국인을 선호하기 때문에

비정규직 노동자가 되려는 청년은 거의 없다. 비정규직 숙련공은 급속하게 노령화되고 있다. 40대가 막둥이급인데, 예전에는 40대가 직장 부장 오야지급이었다.

현재 내국인 비정규직은, 연봉이 1억 원에 육박하는 또래 정규직과 원청회사 측의 선심성 복지 관리를 받는 외국인 노동자 사이에 끼어서 사멸하는 계층 같이 됐다. 머지않아 조선소 같은 노동집약적인 중공업은 화이트칼라화 된 소수의 숙련기술자 및 중간관리 정규직 노동자와, 대다수의 하청업체 소속 외국인과 비(非)·반(半)숙련공으로 양분될 것 같다.

과거 윤석열과 한동훈이 중요한 공약사업으로 추진했던 '이민청' 신설과 이주노동자 수입 확대는 자본의 이익에 충실한 산업인력과 고용시장 개편을 위한 급행열차였다. 서울시에서 시행한 필리핀인 가정부 도입도 그런 맥락의 사업이었다. 그래서인지 하청지회 노조관계자들은 윤석열과 한동훈에 질색했다. 그리고 한동훈에게 아부해서 전남을 외국인 노동자 특구로 지정받은 전남도지사 김영록에게 분노했다. 실제로 한동훈은 법무장관 취임 직후 삼호현대조선소에 와서 협력업체 사장들에게 외국인력 무한 공급을 약속했다.

그럼에도 하청노조는 외국인 노동자를 원망하지 않았다. 오히려 고용허가제 폐지와 함께 자유로운 직장 이동을 지지했다. 노조는 외국인 노동자들의 권익을 위해서 기득권을 포기할 수 있으며, 경쟁상대로는 보지 않는다. 노동운동가 입장에서는 외국인 노동자를 미래의 산업 프롤레타리아트로 조직할 수 있다고 보는지도 모르겠다.

그러나 현실에서 외국인 노동자는 내국인 노동자의 고용지위를 위협하고 하향시키는 존재다. 실제로 건설, 물류센터, 농업, 어업 등 정형성이 낮은 업종에서는 외국인과 내국인의 임금 격차는 크지 않다. 경험상 일부 특정 업종은 외국인이 독차지하고 있기도 하다.

새로운 시대의 노동운동을 위하여

내가 만난 하청노조 간부들은 1990년대 중후반부터 노동운동을 시작했다고 한다. 그들의 민주노총 조끼와 아크릴 명찰을 보면서 만감이 교차했다. 나는 저런 조끼와 이름표를 받지 못했다. 당시 내 소원이 액수를 불문하고 제대로 월급을 받으면서 노동운동하는 삶이었다. 나에게 노동운동은 월급 같은 건 아예 없고 산업재해(구속이나 투옥, 도피)만 있는 직장이었다. 그나마 중간에 정리해고 됐다.

하청노조 지회장과 사무장

적어도 정규직 노조간부는 더 이상 춥고 배고픈 3D 업종은 아니다. 물론 지금은 내가 그 업종에 종사할 때와는 그 출발이나 환경이 상당히 다르다. '라때'는 정말로 하루 세 끼 중 두 끼를 라면에 식은 밥 말아 묵고 투쟁을 했다. 특히 해고자는 정말 춥고 배고팠다. 노동환경도 지금보다 훨씬 열악했고 탄압도 무지막지할 만큼 폭력적이고 전방위적이었다. 그렇지만 노동자 계급 자체가 지금처럼 여러 층위로 노골적으로 분열돼 있지는 않았다. 어쩌면 지금 비정규직 노동운동이 더 어려울 수도 있다.

대한민국에서 비정규직과 외국인 노동자에 대한 차별 해소를 위해 노력하는 집단은 민주노총이다. 반면 노동조합의 실질적 혜택을 누리는 집단도 민주노총을 주도하는 대기업과 공기업 노조다. 이제는 노동운동하다가 신세 조지는 경우도 거의 없다. 학생운동은 이미 소멸했고, 농민운동은 95퍼센트가량 소멸했고, 노동운동은 절반 이상 스러졌다. 진보의 빈 공백을 페미니즘과 PC주의(정치적 진보와 올바름을 단일한 판단기준으로 삼는 가치관) 같은 포스트모던한 쁘띠부르주아 운동이 메우고 있다. 1980~90년대 전투적 노조운동을 통해서 중산층 반열에 든 공돌이들이 이제는 후배 세대 노동자들을 위해 마지막 열정과 노력으로 노동운동의 일대 개혁에 나서기를 바란다.

기대와 현실의 괴리

목포 지역 노동운동은 삼호중공업 전과 후로 구분된다. 나같이 고무공장과 그릇공장, 마치코바 출신 구세대 노동운동가는 철거된

구공단과 함께 그 존재가 사라져버리고 말았다.

1995년 한라조선소가 인천에서 영암 삼호로 이전을 시작하자 목포와 영암 주민들은 지역 발전의 획기적인 계기가 될 것으로 크게 기대했다. 더불어 운동권도 드디어 노동운동이 부문 운동에서 벗어나 사회운동의 중심에 우뚝 설 것이라고 전망했다. 그러나 그 어느 바람도 제대로 결실을 맺지 못했다.

1995년부터 1997년 사이에 목포 신도심 하당지구 임대아파트 단지에 주로 협력업체에 소속된 외지 노동자들이 들어오면서 소비가 폭발적으로 늘어나 지역경제가 일시적으로 활성화되었다. 그렇지만 1997년의 외환 위기와 그 이후의 만성적인 불황은 고용위기로 이어져 지역경제의 성장 엔진이 되지 못했다.

실제로 종업원 수 2만 명에 달하는 삼호중공업의 경제효과가 목포 지역 노동자 2만 2천 명 시절보다 획기적으로 나아진 것 같지 않다. 기대했던 경제효과가 적어도 목포시에서 체감되지 않는다. 물론 조선소 자체는 물론 배후기지격인 대불공단에 상대적 고임금 남성 청년들의 일자리가 늘어난 것, 그리고 목포대학에 조선공학 클러스터 및 산학협력 야간학부가 설치된 것 등의 긍정적인 변화는 있었다.

하지만 기대했던 획기적인 지역발전은 일어나지 않았다. 영암 삼호는 인구가 급증해서 읍으로 승격되고, 상가와 학원 등이 생겨났지만 적어도 신도심이라고 할 만한 발전은 없었다. 그렇게 한 세대가 지났다.

실패한 운동, 과연 대안은 있는가?

노동운동과 지역정치 또한 비슷하다. 민주노총의 간판이라던 금속연맹 소속임에도 불구하고 삼호중공업 노동운동(하청노조 포함)의 파고는 영산강 하구둑을 넘어 목포로 진입하지 못했다. 삼호중공업 노조는 지역최대의 대기업이라는 덩치와 머릿수에 비해 지역사회에 미치는 영향력과 임팩트가 미약했다.

1995년도부터 목포와 광주의 학생운동권 출신도 삼호중공업 정규직 노동자로 들어갔고 실제로 노조의 지도자가 됐다. 그렇지만 그들의 정치적·운동적 존재감은 목포로까지 그 영향력을 넓히지 못했다.

이유야 다양하겠지만, 중공업 노조와 민주노총이 지역사회에 대한 정치적·사회경제적 임무를 방기했기 때문이다. 노조가 자신들의 정치적·사회적 대리인으로 그 권한을 포괄적으로 위임한 민주노동당과 통진당, 정의당 등은 정당 활동과 선거에서 노동자 계급의 당파성을 지역사회로 녹여내지 못했다. 세상에 대한 넓은 안목과 행동력이 부족했기 때문이다.

그러다 보니 노동세력은 지역사회에서 자기 목소리를 낼 수 없게 되었고, 당연히 영향력도 행사할 수 없었다. 노동운동의 본령은 사회운동이고 정치운동이다. 대기업과 공기업 노동조합이 앞장서서 자본을 설득하고 압박해야 비정규 및 독립노동자들의 지위 개선도 이루어지고, 종국적으로 동일임금제도 정착될 것이다. 사회적 책임을 먼저 지지 않으면 아무런 사회적 권위와 영향력을 획득할 수 없다.

이제 목포에서 노조, 특히 민주노총의 영향력은 이러저런 집회에서 확성기 차량을 동원하고 대형 깃발을 내거는 정도에 불과하다. 과거에 노동운동은 시민에게 독자적인 계획과 노선을 설득해야 하고 행진의 선두에서 헌신해야 한다고 배웠고, 그렇게 실천했다. 지금 민주노총은 그런 역할을 하지 못하고 있다

삼호중공업에 '침투'했던 운동권의 이러저런 근황을 들으며 노동운동의 그늘, 노동해방운동의 뒤안길을 봤다. 굳이 입에 올리고 싶지 않은 일들도 많다. 이렇게 저렇게 변명할지 모르지만 결국 새로운 사회질서를 만들지 못하고 자본에 포섭되었다고 할 수밖에 없다. 한 시대를 풍미했던 전투적 노동세력은 도덕심과 가치관, 사회적 담론의 장에서 철저하게 패배했다. 그리고 민주노조 세대는 은퇴하고 있다. 노동해방도 퇴장하고 있다.

속에 꾹꾹 담아두었던 말

목포는 한국의 리버풀이 될 수 있을까

비행기도 못 타본 처지에 저 멀리 잉글랜드의 리버풀(Liverpool)을 상상하면서 목포와 닮은 구석이 제법 있다고 매칭해본다. 산업혁명 시기에 런던이 대영제국의 두뇌라면 리버풀은 심장이었다. 19세기에 유럽 최대의 무역항이었지만 두 차례의 세계대전 이후 급격하게 몰락했다. 경제는 쇠퇴하고 빈곤과 실업률이 치솟는 암흑기에 빠졌다.

이렇게 리버풀은 식민지시대 4대항 6대 도시에서 급격하게 쇠락해서 불 꺼진 항구 신세가 된 목포와 비슷한 서사가 있다. 전성기에 리버풀도 항만과 철도를 이용해 면화와 직물을 실어 날랐고, 목포도 만주대륙으로 뻗어가는 호남선 철도의 기점으로 동아시아의 면화 무역항이었다.

리버풀하면 뭐니뭐니 해도 '비틀즈'의 도시이다. 네 명의 멤버 모두 리버풀 토박이다. 실업과 파업이 일상화된 가난한 항구의 뒷골목에서 역사상 가장 성공한 밴드가 탄생했다. 혁명도 예술적 혁신도 불만과 결핍 속에서 싹이 트는 모양이다. 1960년대부터 전 세계로 뻗어나간 비틀즈의 '리버풀 사운드'를 밑천으로 리버풀은 문화예술의 도시로 도약할 수 있었다.

21세기에 접어들면서 리버풀은 기나긴 침체에서 벗어나 도시를 재생했다. 비틀즈와 축구(리버풀FC)를 앞세워 문화관광산업을 부흥시켜 도심에 첨단 상업시설을 건설하였을 뿐 아니라 항구도 재건했다. 도시 전체가 유네스코 문화유산으로 지정됐으며, 2008년에는 유럽 문화수도로 지정됐다. 당연히 인구도 늘어나고 경제는 되살아났다. 음습하고 퇴락한 항구도시에서 벗어나서 지금은 인구 50만에 광역권 생활인구가 230만에 달하는 잉글랜드 서부지역의 거점도시로 재탄생한 것이다.

리버풀은 산업 프롤레타리아트의 도시이자 영국 노동당의 아성이기도 하다. 소속 하원의원도 죄다 노동당 소속이다. 1980~90년대 내내 신자유주의를 내세운 보수당의 대처 정권과 정면으로 충돌했다. 호남의 정치지형과 비슷하다. 더구나 목포는 전통적으로 호남정치 1번지가 아닌가. 불돈 인구 20만소차 언세 무너질 모르는 목포의 처지와는 매우 다른 형편이지만.

목포는 문화관광 거점도시를 도시재생의 주된 전략으로 삼고 있다. 지난 4년간 국비지원만 1천 억 원을 투자하였다. 그래서인지 중점 관광지역인 근현대사거리(구 도심)에 여행자와 관광객은 많이 늘었지만 독특한 지역의 킬러 콘텐츠와 지속적인 문화자원을 생산해내는 데는 한계를 드러내고 있다. 일회적이고 고만고만한 이벤트로 소모한 예산도 많다. 지금처럼 식민의 흔적과 산재된 근대화의 유물만으로는 스쳐가는 눈요깃거리를 벗어나기 어렵다.

civilization(문명)은 Civil(시민)의 ation(활동)이라는 뜻이다. Culture(문화)는 cult(경작된·이식된) ure(장소)라는 뜻이란다. 모두 인간이 살아온 내력, 즉 역사가 집적된 결과가 문화가 되것다. 저개발과 오랜 침체 덕분에 살아남아서 이국적 풍경이 된 레트로 시티에 역사적 서사를 발굴하고 다양한 재해석을 시도해서 숨결을 불어넣어야 할 것이다.

비록 비틀즈 같은 글로벌 스타는 없지만, 목포에도 예향으로서의 전통과 뿌리가 결코 얕지 않다. 호남평야를 사회경제적 기반으로 하는 사대부 문화와 민중들의 노동공동체 문화가 있고, 수많은 섬의 고유한 생활 공동체 문화는 유배된 경화귀족의 문자향과 교류하였다. 식민지시대에 들어온 서구와 일본문화는 민족적·계급적 저항과 뒤섞여 새로운 문화를 형성했다.

해방 이후에는 정치적 억압과 경제개발 소외에서 비롯된 눈물과 한의 정서가 항구도시 특유의 낭만적 퇴폐미와 화학적으로 결합되었다. 그런 특징이 지금까지 이어온 '목포의 눈물'이라는, 단순히 언어만으로는 담기 힘든 어떤 '정서'를 형성하였다.

문화예술 산업만으로 도시가 부흥하기는 어렵다. 제조업이나 상업유통이라는 전통적인 상공업 엔진이 필요한데, 다행히 신재생 에너지(신안)와 AI산업 및 RE100(해남 무안)이라는 시대적 전환에 동참할 수 있는 길이 열리고 있다. 영산강 하구둑 건너에 자리 잡고 있는 현대삼호조선소도 건재하다.

문제는 전통적으로 목포권이었던 인근 지자체들에 산재된 산업시설과 인구경제적 자원을 어떤 맥락으로 네트워킹해서 광대역으로 묶을 것인가이다. 그 광역생활권 조성전략 안에서 목포시의 역할을 결정해야 할 것이다.

행정, 교육(초중고교와 대학), 의료, 금융, 언론, 문화시설 그리고 항만 등 아직 남아있는 도시 인프라를 바탕으로 크고 정교한 설계도를 만들어야 한다. 빅앤드디테일 픽처(Big& Detail picture)를. 쇠락한 무역항구와 상업도시에서 문화관광을 기반으로 하는 도시로 재생된 리버풀처럼 목포도 코리아의 리버풀이 될 수 있을까? 과연 그런 준비를 하고 있는가?

리버풀에는 타이타닉 박물관이 있다. 타이타닉호를 건조하였을 뿐 아니라 선적지였기 때문이다. 또한 침몰 당시 희생된 승무원 다수가 리버풀 시민이었기 때문이다. 세월호가 인양돼 영원한 안식을 취하고 있는 곳은 목포항이다. 목포 고하도에 조성할 세월호 기념관은, 타이타닉호의 비극적이고 슬픈 역사를 안전과 체험의 공간으로 승화시켰다는 리버풀의 경험에서 많은 것을 배워야 한다. 그렇게 함으로써 목포는 눈물과 탄식, 분노를 희망과 교훈으로 인양한 기적의 도시가 될 수 있을 것이다.

리버풀시의 공식 문장은 다음과 같다고 하는데, 세월호가 영구히 정착할 목포에도 뭔가 영감을 준다.

Deus Novis Haec Otia Fecit.

(신께서 우리에게 이 평화를 주셨다.)

역발상이 필요하다-개방과 환대의 도시로

목포는 좁다. 비수도권 도시 중에서 최소 면적이다.(51.62㎢) 사람들은 더 이상 뻗어나갈 땅이 없어서 도시가 발전하지 못한다고 지적하지만 내 생각은 좀 다르다. 인구위기와 지방소멸 시대에 유력한 대안이 컴팩트 앤 네트워크(compact & network) 전략이라고 하는데, 인구밀도가 높은 목포는 압축도시로 도시재생을 하기 쉬운 이점이 있다. 상대적으로 적은 비용과 시간으로 구도심을 재생하고 신도심이자 도청 소재지인 남악 오룡지구(무안군 삼향읍) 지역이나 신안군 영암군 삼호읍(HD현대삼호중공업 소재지)과 광역권으로 연결할 수 있을 것 같다. 약점을 오히려 장점으로 활용할 수 있다는 말이다.

목포시와 도청 소재지인 남악신도심(무안군 소속)은 4차선 횡단보도를 경계로 한다. 사실상 하나의 도심인 셈이다. 인구 구성 또한 거주자 80퍼센트 이상이 목포에서 건너온 사람들이다. 경제 및 소비활동과 출퇴근도 대부분 목포로 한다. 인구경제적 공동체임에도 행정적으로 분단돼 각자도생으로 치닫는 형국이다.

쾌적한 도시를 만들고 쇠락하는 지역들을 연결해서 브로드밴딩하기 위해서는 교통정책이 중요하다. 왕래가 편리해야 자주 만나고 부대껴서 공동체 의식이 높아지기 때문이다. 전국 어디나 그러하겠지만, 목포시와 남악지구 및 삼호조선소 또한 주차난과 출퇴근 교통정체에 시달리고 있다. 땅은 좁은데 인구와 차량은 차고 넘치기 때문이다. 교통 인프라를 충분히 고려하지 못한 도시계획에도 책임이 크다. 앞으로 해남, 신안, 영암, 무안 등지에는 신재생에너지를 기반으로 하는 산업단지가 조성되고 영산강 너머 조선소와 인근 농어촌 등에 외국인 인력이 계속 유입되면 목포권은 주거 및 소비지역으로 역할을 요청받을 것이다.

따라서 산업인구가 편리하게 출퇴근할 수 있는 광역 및 시내버스 등 대중교통 연결망을 재설계하고 확충해야 할 필요가 점차 커지고 있다. 자가용 이용률이 자연스럽게 줄어들 수 있도록 편리하고 친환경적이며 쾌적한 대중교통 수단을 준비해서 목포권을 인근 지자체들과 연결하면 공동운명체가 될 수 있을 것이다. 전기버스도 좋고 미니 콜밴이나 도심형 트램도 추진해볼 만하다. 환경친화적인 대중교통으로 연결된 에코 시티—압축도시 목포를 제안한다.

목포 하당에서 2킬로미터 길이의 하구둑을 건너면 영암군 삼호읍이 있고 HD현대중공업과 대한조선소가 나온다. 배후에는 이명박이 집권하자마자 규제혁파의 상징으로 전봇대를 뽑는 코스프레를 연출했던 대불공단이 자리 잡고 있다. 영암군 인구의 25퍼센트가량은 외국인이다. 조선소와 대불공단에서 일한다. 그리하여 영암은 안산시 창원시와 함께 대한민국 대표 외국인의 3대 성지가 된 지 오래다. 사실상 협력업체와 중소공장 노동력을 거의 대체하고 있는데 ~스탄 계열뿐만 아니라 네팔과 베트남 출신 노동자들이 특히 많다.(삼호현대중공업 서문 앞에 있는 암자인 축성암에는 '마니차'라는 티벳불교의 회전식 경전이 있을 정도다.)

외국인노동자들은 한국에 오기 위해서 2~4천만 원 정도 빚을 지는 경우가 많다. 그럼에도 단기취업비자밖에 얻지 못해서 고용이 불안하니 제대로 소비하고 생활하기 어려운 것이다. 지역사회가 앞장서서 장기적인 고용을 보장하고 취업이동에 대한 규제를 완화해서 자연스럽게 실질임금이 보장될 수 있도록 진정한 의미에서 '외국인노동자특구'를 준비하면 어떨까 싶다.

현실적으로 외국인이 노동인력뿐만 아니라 신규 인구유입의 주된 통로가 된 마당에 지역사회에 정착할 수 있는 여건을 선제적으로 마련하는 게 올바른 방향이 아닐까. 싼 맛에 부려먹는 '국제 머슴'이 아니라 영주민으로 공동체에 받아들이고, 고숙련 기술인력으로 성장시켜 준법시민으로 살아갈 수 있도록 포용하는 글로벌 플랫폼시티에 해답이 있다고 나는 생각한다.

목포는 이탈리아의 나폴리나 베트남의 다낭이 아니다. 목포가 유일한 탈출구로 공을 들이는 관광문화산업은 보조재 수준이지 그 자체가 성장 동력이 되는 대체재가 되기는 어렵다. 게다가 지금처럼 중앙정부의 지원금을 받아서 소모하는 일회적이고 이벤트 중심적인 정책이어서는 곤란하다. 항구 특유의 역사문화적 스토리텔링과 향토적 소재를 다듬어서 보편적 공감을 끌어낼 서사를 개발해야 한다.

'인문도시'가 되고 싶다면 문화예술의 저변을 갖춰야 하는데, 그 원천은 다양한 인구구성과 수많은 정체성에 대한 수용 가능성이다. 시민의 일상생활과 밀착해서 저변을 넓히지 않고 오피니언 리더나 문화 마니아들의 고담준론식 살롱 문화에 그쳐서는 곤란하다.

문화와 예술은 돈과 사람이라는 인프라가 있어야 꽃을 피우고, 문자향과 소리향이 있어야 재능 있는 청년들이 모여드는 법이다. 일자리와 편리한 거주 여건이 조화된 인구경제적 토대가 마련되어야 하는 이유가 바로 여기에 있다. 그러므로 부흥을 꿈꾸는 목포시는 도시가 어떤 기능과 역할을 해야 할지 선택과 집중 전략을 주도면밀하게 세워야 한다.

그래서 아직까지 작동하고 있는 도시 인프라를 확충하고, 그 질적 수준을 수도권 대도시 못지않게 높일 방도를 찾아야 할 것이다.

In 목포-Nothing and Everything

고등학교 때부터 졸업장만 받으면 한시바삐 목포 바닥을 떠나 신천지 서울로 가고 싶었다. 고향은 답답하고 구질구질했기 때문이다. '빌보드 키드'가 돼 팝송에 집착하고 이런저런 잡지와 소설책들을 끼고 살았던 이유도 일종의 과시적 교양주의이고, 촌놈의 사격지심 같은 것이었다. 그러다가 지금은 돔야구장이 됐다는 고척동 101번지 영등포 국립호텔에서 1986년 겨울을 나면서 러시아의 작가 미하일 숄로호프의 소설 『개간되는 처녀지』를 읽고 느낀 바가 있어 구로나 인천으로 가지 않고 고향 목포로 돌아왔다. 소설의 내용은, 1917년 러시아 혁명 직후 귀향해서 계몽활동에 매진하는 1920년대 러시아 혁명청년들의 모습을 그리고 있다. 그렇게 '돌아온 탕아'처럼 목포에 내려왔지만, 우여곡절 끝에 출향하지 못한 채 향토인으로 늙어가고 있다.

목포는 내게 지겹도록 익숙한 곳이다. 그렇지만 반복을 벗어나 낯선 눈으로 보면 골목과 집들은 다른 세상으로 다가온다. 바람이 부는 방향과 시점에 따라서 같은 산과 바다라도 새롭다. 시간이 멈춘 듯 정체된 도시라고 하지만, 실상 지난 30년 동안 목포도 적지 않은 변화가 있었다. 신도심이 생기고 인구경제의 중심은 무안 방면 영산강변으로 이동했다.

침체와 부침을 반복하던 목포는 21세기 들어서는 완전히 길을 잃어버린 것 같다. (인구소멸과 지방쇠퇴는 전국적 대세이니까 목포만 딱히 억울할 일은 아니지만, 그 데미지는 어느 지역보다 더 깊어 보인다.) 특히 전남도청이 사실상 목포권으로 이전돼 지역이 전면적으로 재편되던 시기에 도시 비전과 발전 전략의 청사진을 마련하지 못한 게 치명적이었다. 실기한 것이다.

향토인으로서 내게 가장 두려운 말은 "목포는 살 곳이 못 된다"는 말이다. 내가 바라는 목포는 경제적으로 흥청망청하고 부자가 넘쳐나는 그런 도시가 아니다. 또 남다른 예술혼이 굽이쳐서 구도심을 중심으로 관광산업이 번창해서 여행자가 넘쳐나는 유럽의 어느 도시가 아니다. 동네 골목에 실력 있는 촌놈 문화게릴라들과의 공연과 화려한 퍼포먼스가 끊이지 않는 컬처토피아도 굳이 바라지는 않는다.

목포의 태생은 항구다. 지금도 모두 네 곳의 크고 작은 항만이 있다. 항구는 개방과 포용성이 근본이다. 세상의 온갖 잡놈들이 모여서 지지고 볶으며 살다가 떠나간다. 원래 목포는 토박이가 귀한 고장이다. 침체의 늪에 빠지다봉께 우리 세대에서 토박이들이 많이 생기고 연고주의도 생긴 것이다.

항구는 허브시티이므로 정주(定住)보다는 이주(移住)를 권장한다. 그리하여 나는 목포가 환대와 치유의 도시가 되기를 바란다. 눈높이 경쟁과 '3포'에 지친 청년들은 말할 것도 없고, 수도권에서 산전수전 겪다가 지치고 늙은 중장년들이 이주해서 아주 저렴한 아파트와 단독주택에서 소확행 라이프를 즐길 수 있는 회복의 도시. 다행히도 아직 목포에는 병원과 대형마트, 재래시장, 금융기관, 대학, 국제공항, 고속철도, 방송국, 학교 등 도시 기능이 건재하다. 2시간 반이면 서울에 닿을 수 있는 고속교통망도 있다. 목포 구도심에는 2~5천만 원에 살 수 있는 빈집들이 많다. 심지어 신도심 언저리에도 3~5천만 원에 나온 11~17평대 낡은 아파트들도 있다. 그곳을 수리하거나 임차해서 세컨드 하우스로 삼고 있는 지인도 있다. 접근성도 좋다.

나는 역발상을 통한 인구경제 정책의 대전환이 이루어져야 한다고 생각한다. '청년이 돌아오는 도시'를 추구하는 기존 방향을 포기하지 않되, 수도권으로 출향했던 5060 중장년들에게 지역 기업과 공공부문의 일자리를 제공해서 귀향과 정착을 권장하는 베이비부머 리턴을 키즈 리턴의 마중물로 삼을 수 있다고 제안한다. 단순한 실버 시티(은퇴 도시/휴양 도시)가 아니라 1955~1975년생 귀향자들의 인생 경험과 숙련을 지역 산업경제에 활용할 수 있는 생산형 시니어 시티로의 전환에 착수하자는 것이다.

시인 김지하는 고향 목포를 "바다와 강, 산, 섬들을 한목에 볼 수 있는 삼한의 혈맥"이라고 평했다. 실제로 유달산 정자에 오르면 동서남북으로 부드럽고 친근한 거리와 사람들을 볼 수 있다. In 목포해서 목포人이 돼도 나쁘지 않을 것이다. 굳이 이주하지 않더라도 온금동 다순구미 기슭에 바다가 보이는 집을 임차해서 별장 삼아 남도를 들락거려도 좋다. 적당한 직업을 갖거나 알바를 하면서 어울려 살다가 훌쩍 떠나면 그만이다. 여기는 '노마드'(nomad)의 도시이니까. 목포 바닥에서 오가다가 그리운 얼굴을 만나서 운저리 회판에 막걸리라도 걸치면 더 좋고. 목포는 항구다 잉.

"예루살렘은 무엇입니까?"

영화 〈킹덤 오브 헤븐〉(2005)의 마지막 장면에서 항복하는 십자군 대장이 묻자 무슬림의 지도자 살라딘은 이렇게 대답한다.

"Nothing." 그리고 "Everything!"

나에게 목포도 그렇다. 이 책을 쓰면서 목포가 새롭게 다가왔다. 거리와 골목에 알알이 담긴 적지 않은 인연과 추억, 관계를 돌이켜보니 목포를 다른 각도로 새롭게 해석할 수 있었다. 신기

했다. 어쩌면 그렇게도 창피하고 숨기고 싶었던 내 삶이 비로소
내 것이 되는 것 같았다. 여름과 가을 내내 시립도서관과 병원에
서 초고를 쓰는 동안 오랫동안 안개 속에 가려져 있던 것들이 서
서히 모습을 드러내고, 점차 선명해지는 기분이 들었다. 마침내,
장쾌했다.

책을 쓰면서 참고한 문헌들

『근대도시 목포의 역사 공간 문화』(고석규, 서울대 출판부, 2004)

『근현대의 형성과 지역사회운동』(안종철 외 공저, 새길, 1995)

『독립운동가 배치문의 삶과 활동에 관한 연구』(권도균, 목포대학교 대학원 기록관리학)

『목포 6월 민주항쟁의 기억』(사단법인 광주전남 6월 항쟁, 2022)

『목포 목포사람들 1·2』(이종화 외 공저, 경인문화사, 2005)

『목포』(최성환, 21세기북스, 2020)

『목포민족민주화운동 길라잡이 자료집 I·II』(목포민주화운동계승사업회, 2023)

『목포시사 1·2·3·4·5』(목포시, 2017)

『목포의 역사와 이야기』(목포시, 2014)

『분노의 강』(이가형, 경운, 1993)

『친일파 죄상기』(김학민 외, 학민사, 1993)

『포토에세이 목포 이야기』(박종길, 목포문화원, 2022)

『한국의 섬, 목포시 무안군 영광군 해남군』(이재언, 지리와 역사, 2015)

『흰 그늘의 길-김지하 회고록 1·2·3』(김지하, 학고재, 2003)